冯慧娟◎编

全民阅读·经典小丛书

思路
决定出路

吉林出版集团股份有限公司

图书在版编目（CIP）数据

　　思路决定出路 / 冯慧娟编 . —长春：吉林出版集团股份有限公司，2016.1（2025.1 重印）

　　（全民阅读·经典小丛书）

　　ISBN 978-7-5534-9993-2

　　Ⅰ . ①思… Ⅱ . ①冯… Ⅲ . ①成功心理—通俗读物 Ⅳ . ① B848.4-49

　　中国版本图书馆 CIP 数据核字 (2016) 第 031421 号

SILU JUEDING CHULU

思路决定出路

作　　者：冯慧娟　编

出版策划：崔文辉

选题策划：冯子龙

责任编辑：王　媛

排　　版：新华智品

出　　版：吉林出版集团股份有限公司

　　　　　（长春市福祉大路 5788 号，邮政编码：130118）

发　　行：吉林出版集团译文图书经营有限公司

　　　　　（http://shop34896900.taobao.com）

电　　话：总编办 0431-81629909　　营销部 0431-81629880 / 81629881

印　　刷：吉林省金昇印务有限公司

开　　本：640mm × 940mm 1/16

印　　张：10

字　　数：130 千字

版　　次：2016 年 7 月第 1 版

印　　次：2025 年 1 月第 4 次印刷

书　　号：ISBN 978-7-5534-9993-2

定　　价：48.00 元

印装错误请与承印厂联系　电话：18604312011

前言
FOREWORD

人的智商并没有太大差别，让人的成就和生活质量产生天壤之别的，主要在于思维方式的不同。

思路决定出路，观念决定命运。

每个人都渴望成功，希望过上舒适、富足的生活，但未都能如愿。能够实现愿望的人，不一定比你付出更多的汗水，但一定比你付出了更多的思考。思考是一切正确策略与方法的起源。

成功者与普通人最大的差别在于：思考模式不同。面对同样的一万块钱，有的人拿去做了投资的成本，有的人则存进了银行。两种不同的思路，可能就决定了两个人若干年后不同的生活。把钱用于投资的那个人，五年后可能已经做了老板，资产可能翻了几番；而存进银行的那个人，可能还过着以前的老日子，照样是朝九晚五地给别人打工，依然是发了工资赶紧存银行。

习惯的思路不变通，穷日子就会没完没了。穷则变，变则通。出路，在于变通。当目前的想法不能让你成功，不能让你过上你想要的生活时，说明你的想法可能需要改变，甚至不止改变一次，直到找到能改变你生活的那一种。许多人没能做得更好，或者是由于没有改变自己的思路，或者是懒得改变自己的思路，或者是根本就不想改变自己的思路。

不要把希望寄托在父母身上，也不要把希望寄托在子女身上。请把希望寄托在你自己身上，靠自己，靠自己的思考改变思路，走出一条属于自己的路，并且越走越远！

目录
CONTENTS

思路决定出路

目录
CONTENTS

思路决定出路

第1章

转换思路，小努力换取大回报

天道未必酬勤

"天道酬勤"是一句古训，它告诉人们：只要我们自强不息，勤劳付出，上天会予以奖励和回报的。但许多事实证明：天道有时未必酬勤。

别光闷头做事，要懂得停下来花点儿时间思考。只做不想，在忙忙碌碌中浪费掉的只能是你宝贵的生命。

思路突破

——学会"懒"一点儿

"懒"是不从众，"懒"是举重若轻，"懒"是用从容的姿态去做紧迫的事情。"勤快"的人有时是可怜的，他们太忙，不经意间就可能变成双料的穷人，既没钱也没时间。

盲目勤奋＝平庸

一般人认为，作为一名员工，只要勤勤恳恳、任劳任怨地完成老板分配的任务就可以了。其实这还不够，尤其对于那些想提升自己位置的员工来说，更是如此。

有这样一个故事：有两个同龄的年轻人同时受雇于一家公司做业务员，并且拿着同样的薪水。过了一段时间，叫张三的小伙子得到了提升，做了业务经理，并且得到了双倍的薪水；而那个叫李四的小伙子却仍在原地踏步。李四很不满意老板的不公正待遇，他认为自己与张三付出了同样的心血。有一天，他到老板那儿发牢骚。老板耐心地听着他的抱怨，考虑了一下，说道："小李，这样吧，你去市场看一下，看看市场上有哪些与我们公司相关的产品。"

李四到集市兜了一圈，回来报告说，只有一个人在卖水泥。

老板问："有多少袋？"

李四赶快又跑到集市上，然后回来告诉老板，一共60袋水泥。

"价格是多少？"

李四第三次跑到集市上问了价钱。

"好吧，"老板对李四说，"现在请你坐在这儿，一句话也不要说，看看张三是如何处理的。"

张三很快从集市上回来了，并汇报说，到现在为止，只有一个人在卖水泥，一共是60袋，价格适中，水泥质量很不错。他不但带回了一些市场上的样品让老板看，而且把那个卖水泥的人也带回来了，因为这个人现在有质量更好的瓷砖，而这也是公司所需要的。

此时，老板转向了李四，说：“你现在肯定知道答案了吧？”

李四跑了三趟，才在老板的不断提示下，了解了市场上相关产品的部分情况；而张三只去了一趟，就掌握了老板需要的信息。

为什么会出现这种状况呢？

原来李四工作时总是抱着“努力工作”的想法，而不是遵循“老板需要我做什么”的做事原则。由于李四的工作方针出现了偏差，导致他经常做无用功。此刻，李四的勤奋敬业反而成了他的弱项。

事实上，现实生活中有不少人都像李四一样，只做上司吩咐过的事情，从来不用大脑去考虑如何把事情做细、做精，让上司满意。结果是既得不到上司的赏识，也不会受到重用，只能慨叹人生的不公平。

所以，一个人要想使勤奋、敬业等这些好的品质在正方向上发挥其应有的作用，就不应该抱着“我只要努力工作”的想法，而应该多想想“我这样做是否有价值？能为公司创造什么效益？”

人生的意义在于努力实现自身的价值，并力争得到社会的认可。如果你满足了公司的需求，你也就获得了自己想要的；倘若你反其道而行之，不顾公司的需求，以自己的需求作为工作的主旋律，你就会两者尽失。

“懒惰”成就优秀

在企业中，有些人平时看起来非常悠闲，每周的工作时间也非常短，但效率却是大家有目共睹的。老板也就愿意为其开高薪，并对他们赞赏有加。因为他们具有别人没有的那种专业技能，他们是优秀的员工。

汉夫特是加拿大渥太华一家宾馆的主人，他以"懒惰"著称。凡是能吩咐给手下干的事，他绝不亲自去做。宾馆业务虽然繁忙，他却整天悠闲自在。有一年圣诞节，他让宾馆全体员工分别评选出10名最勤快和10名最"懒惰"的员工。汉夫特叫人把10名"懒惰"的员工叫到他的办公室。这些员工心里七上八下，猜想老板可能要炒他们的鱿鱼，因而满脸沮丧。可是令他们没有想到的是，一进门，汉夫特就说："恭喜各位被评为本宾馆最优秀的员工。"

这10名员工感到莫名其妙。看着他们一个个目瞪口呆的表情，汉夫特招呼他们坐下，微笑着解释道："根据我的观察，你们的'懒'突出表现在总是一次就把餐具送到餐桌上，习惯一次就把客人的房间收拾干净，一次就把工作干完，讨厌多走半步路，讨厌做第二次。因而在别人眼里你们整天闲着，在偷懒。但依我看，优秀的员工全无例外地都是'懒汉'，因为他们'懒'得连一个多余的动作都不会去做。而勤快的员工的'勤'，大多表现在他们整天忙忙碌碌，不在乎把力气花在多余的动作上，做一件事不在乎往来多少趟，花多少时间。这样能有效率吗？"

从上面的故事中我们可以得知，光有勤勤恳恳的态度是不够的。现代员工要培养自己的核心竞争力，拥有别人不具备的某种能力或专业技能，才会成为公司不可或缺的员工。久而久之，你在老板心目中的地位就会逐步提高。巴尔塔莎·葛拉西安在《智慧书》中写道："在生活和工作中，要不断完善自己，使自己变得不可替代，让别人离开了你就无法正常运转。这样你的地位就会大大提高。"

在企业中让自己变得不可或缺，就是要使自己变成企业中的"短缺元素"。虽然不同的人有不同的思维方式，不同的员工有不同的能力，但重要的不是你具备哪种能力，而是你的能力是否是不可或缺的。

点亮思维

在辛勤耕耘前，最好在心中掂量掂量收获的分量。第一，不能盲目地埋头苦干，尽量把有限的精力投入到能有所收获的事情上；第二，时常温习一下收获的甜蜜，促使自己更好地去耕耘。

把握优势，把强项做大

　　你能把什么做好，是由你的天赋决定的；去不去做，是你自己决定的。如果你做了天性里最擅长的事，你就能成功；如果你蔑视上苍赋予你的强项，执意去做别的事情，那么，你的成就很可能小得多。换而言之，做任何事情，千万别偏离自己的最佳才能区。只有这样，你才会接近成功。

思路突破

——聚焦于你的最佳才能区

　　做任何事，我们都不能偏离最佳才能区。只有锁定在你的最佳才能区内，事情才会变得轻而易举。遵循最佳才能区，是通往成功最近的路。

你的长处在哪儿

　　成功的秘诀就是经营自己的长处，因为优点和长处能够使你的人生增值。正如洛威尔所说："做我们的天赋所不擅长的事情往往是徒劳无益的。在人类历史上，因为做自己不擅长的事情而导致理想破灭、一事无成的例子不胜枚举。"

　　一个人竭尽全力去做一件事而没有成功，并不意味着做任何事情都无法成功。因为他可能选择了不合天性的职业，导致他难以出人头地。只有每个人的天赋与个性和目前的工作相协调，才会干得得心应手。

很多人一时很难弄清自己的兴趣所在或擅长什么。这就需要在实际工作中不断发现自己、认识自己，了解自己能干什么、不能干什么。如此才能取之所长，避之所短，进而成就大事。

但凡成功者，他们成功的关键都是掌握了自身的优势，并加倍强化这种优势，完全投入到自己所喜欢的工作之中，将这种富有特长的兴趣爱好发挥到极致。因此，在选择职业时，不要问自己可以赚多少钱或者可以获得多大名声，而应该问自己对哪些工作最感兴趣且可以充分地发挥自己的潜能。要选择那些能促进自己的发展，使自己雄心勃勃，将来会有所成就的职业。

德国著名作家席勒曾经被送到军事学校学习外科医学。但他对医学

根本不感兴趣，只热衷于文学创作。他私下里创作了剧本《抢劫者》。学校的管理像监狱一样，令他厌烦万分。而对作家的向往令他饥渴异常，终于他得到一位善良女士的帮助，创作出了两部伟大的戏剧。

爱因斯坦在20世纪50年代曾收到一封邀请他去当以色列总统的信，他断然拒绝了。他说："我一生只擅长同客观物质打交道，既缺乏天生的才智，也缺乏经验来处理行政事务及公正地对待别人。所以，本人不适合如此高官重任。"

但凡有成就的人，无不从事着自己喜欢做、擅长做的工作。只有发挥自己的优势和长处，才能不断进取，获得辉煌。

优势制胜

歌德曾经说过："每个人都有与生俱来的天分。当这些天分得到充分发挥时，自然能够为他带来极致的快乐。"如果你希望体验到这份快乐，首先要做的就是看清自己的长处，了解自己的能力。

如果你丢开自己天赋的优势和才能，在不擅长的领域寻求发展，你很快就会发现，自己像在泥潭里挣扎一样，无论从事什么职业，都难逃失败的命运。

面对失败，你也许会说："我实在是太平凡了，根本没有什么特殊才能。"千万不要这么认为。即使是那些看起来很笨的人，也会在某些特定的方面有杰出的才能。每个人都有自己的特长，都有自己特定的天赋。如果你选对了符合自己特长的努力目标，就能成功；反之，就会埋没自己。

很多成功人士的成功，首先得益于他们充分了解自己的长处，从自己的长处开始做起。如果不充分了解自己的长处，只凭自己一时的兴趣和想法，那么就有很大的盲目性。歌德一度没能充分了解自己的长处，树立了当画家的错误志向，害得他浪费了十多年的光阴，为此他非常后悔。美国女影星霍利·亨特一度竭力避免被定位为短小精悍的女人，结果走了一段弯路。后来在经纪人的引导下，她根据自己身材娇小、个性鲜明的特点重新进行了正确的定位，并出演《钢琴课》等影片，一举夺得戛纳电影节的金棕榈奖和奥斯卡大奖。

一位全国知名的经济学教授在经济研讨会上曾经引用三个经济原则做了贴切的比喻。他指出：正如一个国家选择经济发展战略一样，每个人应该选择自己最擅长的工作，做自己最感兴趣的事，这样才会干好并感觉愉快。

成功是自己造就的。你不必看轻自己，你要相信你的能力是独一无二的。你也许正在完成一件了不起的事，有朝一日，你或许真的可以变得"很不平凡"，成为大家羡慕的成功者。

点亮思维

从事自己最擅长的事情的时候，我们的注意力就会自然地聚集到这件事情上面。这种高度聚焦的状态能够产生一种不可战胜的力量。而许多人穷尽一生都没有成功，其中最重要的原因就是无法给自己一个合适的定位。

指挥千军，莫如用好一将

与其指挥千人，不如指挥百人；与其指挥百人，不如指挥十人。作为管理者要想成功，就要让管理回归简单，这是管理的灵魂之所在。

西方管理学者卡尼奇说："当一个人体会到他请别人帮他一起做一件工作，其效果要比他单独去干好得多时，他便在生活中迈进了一大步。"

思路突破

——学会授权

高明的授权法是既要下放一定的权力给下属，又不能给他们以绝对受重视的感觉；既要检查督促他们的工作，又不能使下属感觉到有名无权。做任何事，我们都不能偏离最佳才能区。

"授权"是一种大智慧

高明的管理者之所以高明，平庸的管理者之所以平庸，其区别在于高明者懂得放手管理，充分授权于下属；而平庸者则事无巨细，全部包揽。

授权并不难，因为每个人都有自己擅长的领域，也有不熟悉的方面。所以在授权的时候应大胆启用精通某一行业或岗位的人，并授予其充分的权力，使其具有独立做主的自由，能自己做出决定，并激发他们工作的使命感。这是管理人实现成功管理的简单原则，也是适应公司发展潮流的必然要求。

河岛是本田集团的第二任社长。当他决定进入美国办厂时，企业内预先设立了筹备委员会。人员主要来自人事、生产、资本三个专门委员会，他们是整个集团中非常有才华的员工。虽然有权做出决策的是河岛，但具体方案却是由员工来制定，河岛并不参与，他坚信员工做得会比自己做得更好。

一天，一位副总问河岛为何不亲自赶赴美国做实地考察。河岛说："我非常清楚，我对美国不是很熟悉。既然熟悉它的人觉得这块地最好，难道我不该相信他的眼光吗？"

河岛继承了本田一贯的做事风格，即把财务和销售方面的工作全权托付给副社长。

1985年9月，在东京青山，一栋充满现代感的大楼竣工了。赴日访问的英国查尔斯王子和戴安娜王妃应邀参观了这栋大楼。一时间日本国内各种媒体竞相报道，本田技术研究工业公司的"本田青山大楼"从此扬名世界。

事实上，在"本田青山大楼"的规划、建筑过程中，作为本田集团的元老本田宗一郎并没有插手过问。他对手下人常说的一句话就是：不要抱着权力不放，要充分相信年轻人。

其实，本田正是根据每个人的长处授权，并大胆使用年轻人，培养他们强烈的工作使命感和责任感，从而使本田辉煌的业绩达到了一个顶点。

授权之道，有张有弛

一个成功的管理人应该懂得"一个人的权力的应用在于让他们拥有权力"。掌握授权这一门管理人的艺术，需要注意的是授权虽然重要，但并不是人人都会授权。授权不当比不授权造成的后果更严重。当然授权也并不是比登天还难，下面介绍几种授权方法：

（1）看准人授权

即根据下级的能力大小和其他个性特征等区别授权。对于能力相对较强的人，宜多授一些权力，这样既可将事办好，又能锻炼人；但对于能力相对较弱的人，不宜一下子授予重权，否则就可能出现失误。同时，授权时应考虑被授权者的其他个性特征。对于性格外向者，让他解决人事关系及沟通协调部门之间的事容易成功；对于性格内向者，让他分析和研究某些问题则容易成功；对于要求做出迅速和灵活反应的工作，让多血质和胆汁质的人处理就容易成功；对于要求持久、细致严谨的工作，让黏液质和抑郁质的人处理就可能效果良好。

（2）当众授权

当众授权有利于使被授权者清楚管理人授予什么权力、权力大小和权力范围等，从而避免在今后处理授权范围内的事时出现程序混乱及其他部门和个人"不买账"的现象。

（3）授权要有一定依据

管理人以授权书、委托书等书面形式授权具有三大好处：一是当别人不服从时，可以此为证；二是明确了其授权范围后，限制下级做超限的事；三是避免管理人将授权之事置于脑后，又去处理其熟悉但并不重要的事。

（4）授权后不宜短时间内把权收回

如果授予一定权力后立即变更，会产生三个不利影响：一是等于向其他人宣布了自己在授权上有失误；二是权力收回后，自己负责处理此事的效果如果欠佳，则更产生副作用；三是容易使下级觉得自己并不受管理人信任，有一种被欺骗感。因此，在授权后一段时间内，即使被授权者表现欠佳，也不必马上收权。

（5）不要把责任推给被授权者

组织管理原则中一直有"权责对等"这一原则，但授权却是例外。即授权后不要求被授权者承担对等的责任。因为"权责对等"原则是针对某一职位应拥有的权力而言的，若没有这一权力，则这一职位就没有必要设立。而授权对于管理人来说是一种可为也可不为的权力。在这种情况下，管理人授权的实质就是请被授权者帮助他办事，是一种委托行为。因此，授权后，当被授权者将事情干得好时，应当给予奖励和表彰；当事情干得不如意时，管理人应该自己来承担责任，而不能将责任推给被授权者。

（6）授权有禁区

尽管从某种角度说，管理人授出的权力越多越好，但并不等于说管理人将所有权力都授出去而自己挂了空衔最好。如果这样，公司就没有必要设立管理人了。在授权问题上存在禁区，有的权力多授好，有的权力少授甚至不授更好。

点亮思维

高明的授权是既要下放一定的权力给部下，又不能给他们以绝对受重视的感觉；既要大胆信任，又要有一定的牵制。要知道授权并不是一味地授，而是要做到有张有弛。若想成为一名成功管理人，就必须深谙此道，把授权玩于股掌之间，在管理的海洋中游刃有余。

整合资源，与人共赢

俗话说得好："一个篱笆三个桩，一个好汉三个帮。"要获得事业上的成功，我们不能只靠个人的力量，更需要别人的帮助。只有得到更多人的帮助，自己才更容易成功。每个人的能力都有一定限度，只有善于与人合作，才能够弥补自己能力的不足，达到自己原本达不到的目的。

思路突破

——寻求合作，路路畅通

在科学技术日新月异、商务通信极为发达的现代社会，单枪匹马打天下已不合时宜。合作伙伴的好坏决定今后合作是否愉快以及事业发展的强弱。对此，一定要以理智的头脑去选择合作伙伴，保证合作的成功。

狐假虎威，与强者同行

大量事实证明，善于合作是现代社会的生存之道。在激烈的市场竞争中，只有善于与他人合作，才更容易发展；一味地"单打独斗"，在很多时候都是无益的。在社会分工越来越精细的21世纪，更多的企业意识到，相互结为战略伙伴可以弥补各自的不足。

实际上，温州有不少企业就是这样发展起来的。立峰集团就是其中一个具有说服力的例子。在温州，这家企业一开始只是一个生产摩托车闸把座的小厂。老板张峰因开发出防腐性能超过日本标准的摩托车闸把座，而得以在摩托车制造行业中占得一席之地。当这一产品成为日本进口件的替代品并得到了国内市场的认可之后，张峰争取到了中国最大的摩托车生产企业——中国嘉陵集团的合作合同。张峰凭借自己建立起来的良好信誉，寻求与嘉陵集团更深层次的合作。1992年，双方达成协议，共同出资建立瑞安嘉陵立峰摩托车配件有限公司。该公司的注册资金为600万元，嘉陵集团投资180万元。从此，立峰公司的产品成为中国产量最大的嘉陵摩托车的专用配件。其产值在3年时间内翻了一番，规模与效益扩大了10倍。在此基础上，张峰又提出将配件生产扩大为整件生产，从而利用了嘉陵集团的技术优势与品牌优势，开发出各种类型的嘉陵立峰摩托车，这些摩托车主要用于出口。通过这种合作关系，"嘉陵"和"立峰"双方都获得了利润。一方面，"嘉陵"降低了生产成本，取得了合乎质量要求的配件；而另一方面，"立峰"除了获得利润外，还获得了先进的生产技术和品牌知名度。企业的壮大发展上了快车道，自然今非昔比。

在嘉陵集团这棵大树的"庇护"下，立峰公司既拥有了摩托车整车的生产技术和经验，同时还拥有了产品进入市场所不可或缺的资金。不仅如此，借着嘉陵集团的销售渠道，立峰公司轻而易举地在全国摩托车市场分到了"一杯羹"。后来，由立峰公司独立开发生产的大排量、高档次的重型摩托车"大地鹰王"成功面世了，并迅速通过了技术鉴定，获得了摩托车生产许可证。

常言说："合久必分，分久必合。"立峰集团既然具备了独立发展的能力，与嘉陵集团分道扬镳也就成为一种必然。对此，嘉陵集团即使没有预感，也是有着心理准备的。他们也没有必要为培养出了一个竞争对手而生气。因为在"立峰"与"嘉陵"合作的几年中，"嘉陵"节省了大量的生产成本，获取了丰厚利润，并且因此更为顺利地发展和壮大起来。而从长远利益着眼，"立峰"得到的好处更是不可估量：从一家生产摩托车零件的小厂发展成为摩托车市场中的一个巨头，这变化还不明显吗？这可以说主要得益于与"嘉陵"的合作。如果没有与"嘉陵"的合作，没有"寄人篱下"的那几年，就没有"立峰"的今天。

在现代市场经济条件下，企业的竞争是实力的竞争。要想在残酷的竞争中谋得一席之地，就必须不断加强自己的实力。而借助大企业发展自己，可以说是小企业的基本发展模式。

取人之长，补己之短

在商战中，那些成功的商人非常重视合作。他们认为找一个旗鼓相当的合作伙伴是成功的一半。合作不仅可以扬长避短，共同承担风险，而且可以增大双方的力量。

犹太银行家莱曼兄弟的产业传到第二代莱曼的手里时，势力已经扩大到运输业、汽车业和橡胶轮胎业。同萨克斯公司联合之后，莱曼兄弟公司在华尔街异常引人注目。

20世纪70年代，美国进入空前繁荣时期。莱曼兄弟公司把全部资金投向了联合大企业。当时，莱曼公司大出风头，成为企业兼并的带头人。

在此期间，莱曼家族同其他几家犹太富豪结成了姻亲关系。

莱曼公司是银行业的大师。兼并企业，仅仅是莱曼公司按顾客要求而提供的一揽子服务的一部分。公司还代理大大小小的谈判，他们做起生意来从不嫌小。

后来由于经济衰退以及银行内部纠纷等问题，在20世纪70年代末期，莱曼兄弟公司进入了衰退时期，被列入了纽约证券交易所的早期警告名单之上。

为了挽救莱曼公司，股东们更换了董事长。两年之后，莱曼公司得到复兴，利润率一直保持在80%的水平。

1977年，莱曼公司与另一家犹太银行库恩·洛布公司合并。库恩·洛布公司是与莱曼兄弟公司同时发展起来的。

库恩·洛布公司最初在辛辛那提卖干货，之后带着50万美元到纽约开银行，全盛时取得了美国投资银行的支配地位。同莱曼公司合并后，新银行在最大的投资银行中排名第四。这次合并不仅具有历史意义，而且把莱曼公司在国内的势力和库恩·洛布公司在国外的特长集于一身，使华尔街最好的两家银行合并为一体。

自己的力量是有限的，这不单是商人的问题，也是我们每一个人的问题。但是只要有心与人合作，那就能取人之长，补己之短，而且能互惠互利，让合作的双方都能从中受益。

然而，现实生活中的合作有时很难成功。创业时，彼此尚能同甘共苦、同舟共济，而一旦有了胜利的果实，就会为各自的利益争个面红耳赤，最终导致合作失败。所以，这就需要我们在选择志同道合、素质高的合作伙伴的同时，签订详细完善的合作协议。单单以友谊为纽带、以感情为基础的合作，最终是不可靠的。

点亮思维

善于与人团结协作是许多成功人士的共同特性。在现代社会，不讲合作，单枪匹马地干任何事情是很难成功的。建立良好的合作关系，会使你受益匪浅，减少"弯路"，避免"摔跟头"。

第2章

转换思路，有"智"者事竟成

简单不等于容易

大凡世界上能做大事的人，都能把小事做细、做好。做好了每件小事，逐渐积累，就会发生质变，小事就会变成大事。任何一件小事，只要你把它做规范了、做到位了，你就会从中发现机会，找到规律，从而成就大事。

——把大事做小，把小事做细

每个人的工作都是从小而简单的事做起的。这时候，如果只抱怨他人或环境，他就不可能认真去做这件事，也就不可能取得成功。

小事不"小"

一个人无论从事何种职业，都应该尽心尽责，尽自己最大的努力，求得不断进步。这不仅是工作的原则，也是人生的原则。

我们都是平凡人，只要抱着一颗平常心，踏踏实实地做好每一件事，那么获得成功的机会，肯定比那些资质优异的人少不到哪里去。

有一位女孩，大学毕业后进入一家非常普通的文化公司当编辑。公司安排新员工从校稿这样的最简单的工作做起。其他新员工十分抱怨，并且对此项工作毫不在意，不甘于做这些平庸的工作，感觉不能发展自己的才能。可是这位女孩与其他员工不同，她每天都认真地对待领导分配的每一项任务，还帮助其他员工做一些最苦、最累的活儿。在工作中遇到不懂或不会做的事情还虚心地向老编辑请教。她兢兢业业的工作态度和优秀的工作质量经常得到领导的表扬。经过一年的磨炼，女孩完全掌握了编辑工作的全部流程。很快，她就被经理提拔为责任编辑。又过了一年，她已晋升为编辑主任。而与她一起进来的其他员工，却还在校对着稿件。

任何东西都是长期积累下来的。从小事做起，我们就会从"小"中发现"大"的意义。

小事同样能造就成功。在工作中，我们应该认真对待每一件小事。同样，在生活中，我们也要养成这种习惯。

不注意小事，大事也成不了

对于一个想要成功的人来说，工作中不论大小事情都应用心去做。特别是从那些小事上，更能体现我们用心的态度。如果没有认真做好每一件事的态度，所有的理想也只能停留在最初的起点。

有一次，北京国际展览中心举办汽车展览，人们蜂拥而至。在展览会上人们可以选购各种汽车，从最普通到最豪华的轿车都可以买到。

汽车展览期间，一位打扮普通的山西富翁站在一款时髦的轿车面前，对推销员说："我想买下这辆价值百万元的轿车。"按常理，这对推销员来说是求之不得的好事。可是，那位推销员只是直直地看着这位顾客，以为他是疯子，没有理睬。

富翁看看这位没有笑容的推销员的脸走开了。到了下一个展位前，他受到了一个年轻推销员的热情招待。这位推销员脸上挂满了欢迎的微笑，那微笑就像阳光一般灿烂，使富翁有宾至如归的感觉，所以他又一次说："我想买辆价值百万的轿车。""没问题！"这位推销员说，"我非常愿意为您介绍我们的轿车。"

后来，这位富翁同推销员兴奋地谈了起来，并签了一张10万元的支票作为定金，还对这位推销员说："我喜欢那些认真对待工作的人，你已经用实际行动向我推销了你自己。在这次展览会上，你是唯一让我感到我是受欢迎的人。明天我会带一张百万元的支票过来。"

第二位推销员没有用外表判断顾客，而是始终如一地用热情打动着顾客，使那位顾客决定买下原本没想买的车。

可以说，不能因为工作中的小事就敷衍应付或轻视懈怠。其实，卓越的人与我们唯一的区别就是，他们从不认为自己所做的事仅仅是简单的小事。

你每天所做的可能就是接听电话、整理报表、绘制图纸之类的小事。你是否对此感到厌倦而提不起精神？你是否因此而敷衍应付？请记住：对工作要专一，工作中无小事。要想把每一件事做到最好，就必须付出你全身心的努力。

点亮思维

大事是由小事组成的。现实中无数的事实告诉我们，做好工作中每一件平常的小事，是一个人走向成功必不可少的关键所在。

经验有时是负担

　　经验有着潜移默化的力量，在一定程度上，它可以成就你，也可以毁灭你。如果你太过死板地遵循以往做事的方法，总是凭经验去做事，就会使你陷入平庸的境况。同时，经验还会使你无限的潜能得不到充分挖掘。

思路突破

　　做人做事，不能拘泥于经验。太过死板地遵循一般性的处事经验，往往会使自己陷入平庸的境况。尤其是在如今这样一个处处充满竞争、提倡创新精神的社会，我们的做人与处世方针也要应时而变，需要用新的思维模式来改变自己的为人处世。

小心"常规"的陷阱

　　我们在思考如何解决碰到的新问题，或是对已熟悉的问题寻求新的解决方案时，就必须跨越经验的"桎梏"，多途径地去探索，大胆提出多种新的设想，最后再筛选出最佳方案。

　　你也许听说过"林旺"的故事。

　　林旺是一只小象，它在很小的时候，就被放进了动物园，鼻子被一根链条拴在了木桩上。

有一次，林旺想挣脱铁链到围栏外去看看以前从没有见到的风景，没想到用力过猛，铁链把它的鼻子挣得生疼。"这条铁链太牢了，看来我是挣不脱它了。"

一年后，林旺又想到动物园外面去开开眼界，一挣铁链，鼻子又被挣得生疼。它又想："我这头小象是挣不开这条铁链的。"经过两次的失败，林旺再也不敢去挣那条铁链了。

五年过去了，林旺从一头小象变成了大象。这时候，凭着它一身的蛮力，那条铁链很轻易就会被挣断。但是，前两次失败的教训让林旺意识到自己是不可能挣脱掉这条铁链的。于是，它老老实实地待在围栏内，一直到死也没能实现它"走出去"的愿望。

可见，经验决定了林旺的意识，最终使它的一生碌碌无为。

无数事实证明，经验只是人在实践活动中取得的感性认识的初步概括和总结，并未充分反映出事物发展的本质和规律。因此，我们不能让过去的经验成为我们创新思考的障碍物和绊脚石。

　　老王是一家小建筑公司里的工程师，工作经验很丰富。在一次给新楼安装电线时，他遇到了难题。他要在一处直径仅有3厘米且要拐四道弯的管道里将电线穿过去。这可难坏了他。显然，用常规方法是很难完成任务的，他怎么也想不出办法来。无奈的他只好向新来的工程师求救。新来的工程师虽然没有丰富的经验，但他想出了一个非常好的办法。他找来两只白鼠，一公一母，分别将这两只白鼠放在管子的两头，并在公鼠的身上拴上一根线。母鼠在管子的另一端发出吱吱的声音，公鼠听到后，便沿着管子向母鼠跑去，身上的线也随之到了管子的另一端。

　　就这样，穿电线的难题顺利得到解决。经验限制了老王的思维，面对新问题时他一筹莫展。

　　现代科技的特点是专业分工越来越细，但具有广博的知识、能利用综合性学术观点来解决问题的人却越来越少。虽然专业面越小越有利于研究深化，但随之而产生的另一个问题是由于视野狭窄而使创造力大受影响。深度和广度看上去是矛盾的，但在实际中却是相互促进的。专业知识过于集中，就不容易看到科学发展的广阔前景，也容易忽视一些有启发意义的重要情报，因而难以实现创造性的飞跃。

　　所以，作为现代人，你在某些时候必须超越经验去考虑问题，尽最大努力摒弃保守的思想。只有这样，你才能突破制约你成功的瓶颈，才能用创新的思维去解决问题。

突破自我，走出思维定式

有一位心理学家说过："只会使用锤子的人，总是把一切问题都看成是钉子。"就好像卓别林主演的《摩登时代》里那个可笑的工人那样，由于一天到晚拧螺丝帽，一切圆的东西，包括衣服上的纽扣和圆形图案，在他眼里都成了螺丝帽，他都会用扳手去拧。

其实，一个人要想变得更聪明、更富有创造力，就必须要摆脱思维定式的束缚并克服它所带来的不利影响。

有一天，一位数学老师走进教室对全班同学说："今天给你们出一道题，谁算完，谁就回家吃饭。如果算不出来，就甭想吃饭。"说完，他在黑板上写下了一道数学题：

$1+2+3+4+5……+100=?$

没过多久，小高斯就站起来说："老师，我算出来了。"然后就用手举着自己的小本子走到老师面前给他看。

按照以往的经验，小学生不可能这么快就知道答案的，所以老师很不客气地对高斯说："回到座位上再算，你肯定算错了！"

小高斯很不服气地说："老师，我想这个答案一定是正确的！"

开始，老师没有说话，只是"啊"了一声。停了一会儿后，他又问："那你说说，你是怎样这么快就算出这道题的？"

高斯理直气壮地说："我发现这些数中，一头一尾两个数相加的和都是一样的，1加100是101，2加99是101，3加98是101……这道题中一共有50个101，所以，答案肯定是5050。"

老师听完，非常高兴地夸奖高斯说："你的计算方法和别人不一样，说明你的思维模式与同龄人思维定式不同，你将来会大有前途的。"

纵观中外科学史，各个科学领域里的很多经过深入研究后获得的重大成果最初的突破口，其实早就有不少人遇到过。为什么总是只有极个别的人才会去注意、重视、研究并由此取得重大突破呢？其中的一个重要原因就是，一般人都难以摆脱自己的知识和经验所形成的思维定式的束缚。

有很多看起来很难解决的问题，其实往往并不是问题本身难，而是难在不容易突破自我上。换个角度，换一种思维方式，有可能很快找到解决的办法。

点亮思维

突破常规，可以产生许多出人意料的新思想。山重水复疑无路，柳暗花明又一村。摆脱了常规的束缚，也许会出现一个充满光明的新天地。

要事永远第一

驾驭时间最重要的原则就是：把最重要的事放在第一位！每天开始一天的工作前，大声地告诉自己三遍：要事第一！要事第一！要事第一！遵循这一原则，你的工作会更有效率。

如果你认为自己每天工作得很忙碌但又效率不高的话，你不妨试试这样做：把你第二天要做的事情列一个清单，按事情的重要程度排列。第二天早上，对照清单上的排序，从第一个开始做下去……

思路突破

——把要事记在工作日程的第一栏

养成列工作清单的好习惯，把最重要的事情记在工作日程表的第一栏。按照工作日程表上记录的工作顺序，从上至下地去做，持之以恒，必然会有事半功倍的效果。

忙也要忙到点子上

在生活和工作中，我们应该坚定地按照要事第一的原则开展工作，谨防被琐事牵着鼻子走。西方管理学上有关于个人管理理论的介绍，它指出：人们在管理时间时，可以将你准备要做但还未做的事情依据急迫性与重要性分为四类。急迫性的事情就是指必须立即处理的事，比如当你的手机响起时，哪怕你再忙，也得放下正在做的工作去接听电话。一般说来接电话总要优先于你的私人工作。这就属于急迫性的事情。急迫性的事情不一定很重要。因为你的电话可能是你的朋友没事为了聊天才给你打的，也可能是有人拨错了号码打过来的。

事情的重要性应该与你的目标紧密相关，因为那些所谓的重要性要事，指的就是有利于实现个人目标的事。遗憾的是，许多人往往本末倒置。

一家大型商场的经理认为：对于大型商场来说，最重要的事情就是与各柜台的老板建立良好关系。这当然属于大商场老板和经理们的

"要事"。

而事实往往与理论相反。一份对商场老板的市场调查表显示，这些大老板和总经理们只有不到5%的时间用在与各柜台老板们的沟通上。也就是说，一天8小时的工作时间中，他们仅用了10分钟左右的时间在做属于自己的最重要的事情。其他的时间呢？则用在了开会、写报告等琐事上。

同样的调查显示，当大型商场决定更新自己的经营思维，每个工作日抽出1/3的时间改进与各柜台老板的关系时，一年后，商场的销售业绩提高了5倍。

因此，不论你是大学生还是生产线上的工人，不管你是家庭主妇抑或是企业负责人，只要能确定哪些是要事，哪些是琐事，然后以不同的时间和态度对待要事、琐事，一样都可以事半功倍。

专注要事，学会说"不"

人们常常对朋友或亲戚不能开口说"不"，哪怕影响了自己的工作，耽误了自己的要事，也不好意思说"不"。有时为应酬别人而使自己的精力不能用在当急的要事上，处处被次要事务牵绊。

黄女士曾被选为居民委员会的主席。其实她自己并不愿意做这份工作，因为她还有许多很重要的事情要做，但她又不好意思拒绝别人的盛情邀请，只好勉为其难地接受。后来，随着工作量不断增加，黄女士实在撑不住了，她必须找个人来接替她了。于是她就打电话给一位好友，问她是否愿意在委员会工作。她以为别人会很欢喜地接受这份工作，没想到却被对方婉拒了。黄女士郁闷地说："我当时为什么没有拒绝呢？"

这个例子不是说社区活动或社会服务不重要，而是人都要以自己的要务优先。必要时，要学会婉拒别人。

郑先生在一个编辑部当主任时，曾聘用一位极有才华、效率极高的撰稿员。有一天，郑先生有件事想找人帮忙。他知道那位撰稿员做什么事情效率都很高，就决定请他帮忙。

郑先生说明来意后，撰稿员说："帮您忙绝对没问题，不过您得先了解了解我目前的工作状况。"说话间，他指着墙壁上的工作计划表。计划表上的20多个计划历历在目，而且都正在进行。接着他说："您的这件事如果我去做起码也得用好多天的时间，但是，您看见我的计划表了，您觉得我能抽出这么多天的时间吗？"

郑先生无奈地摇了摇头，因为他无法要求别人放下自己手边的工作先去帮他的忙。

通过上面的实例我们可以看出，工作效率高的人都有能分辨哪些是琐事哪些是要事的能力。他们会把精力集中在自己的要事上。为了自己的要事，他们可以勇敢地说"不"。因为他们不能把自己宝贵的时间浪费在别人的琐事上。而遇到同样的情况你是怎样做的呢？

点亮思维

　　最有效率的工作方法，就是无论何时都将最重要的事放在第一位去做！每天给自己列一个工作清单，清单的上面用红色的大字提醒自己——要事永远第一！

挖井找水，赢就赢在专注

挖井取水，不停换坑挖，不如挖一口深井。对于常人，要想成功，必须做到一点：专注。专注于目标，专注于要事，专注于最能给你带来价值的事。

人生无处不是在选择。既然无法拥有一切，那就要有取有舍。若要贪大求全，恐怕最后只能是一无所得。有所为，就有所不为；有所得，就必有所失。

—— 一箭只射一只雕

一个人能不能在社会上站得住、行得开，关键在于他能不能把握住最重要的事。善于从诸多的小事中抓住大事，从大事中做好最重要的事，是我们每个人都应该努力学习的成功必修课。

水，只离你三尺远

专注能提高效率，专注能使目标明确。作为一名成功者，工作中全神专注于所干的事情也是其必备的素质之一。只要专心致志盯住目标，干什么事情就都能成功。就像打井一样，打到井下一半的深度可能没有水，这时你想放弃，那么就会前功尽弃。其实，你只要坚持下去，这口井就能打成。

你知道石匠是怎么敲开一块大石头的吗？他所拥有的工具只不过是一个小铁锤。当他举起锤子重重地敲下第一击时，没有敲下一块碎片，甚至连一丝凿痕都没有。可是他继续举起锤子一下一下地敲，100下、200下、300下，大石头上依然没出现任何裂痕。石匠还是没有懈怠，继续举起锤子重重地敲下去。路过的人看他如此卖力而不见成效，不免窃窃私语，甚至有些人还笑他傻。石匠并未理会，他知道虽然所做的还没立即看到成效，不过那并不表示没有进展。他又选取了大石头的另一个面敲，一锤又一锤，也不知道是敲到第500下还是第700下，或者是第1004下，终于看到了成效。那不只是敲下一块碎片，而是整块大石头裂成了两半。

难道说是他最后那一击，使得这块石头裂开的吗？当然不是，而是

他一而再、再而三连续敲击的结果。这个故事给我们很大的启示，把目标紧紧攥在手心里，并持续不断努力，犹如那把小铁锤，就能敲碎一切横在人生路途上的巨大石块。

通过一些成功人士的自传可以看出，他们之所以最终成为彪炳史册的伟人，只是因为他们都能专注做事，从而获得辉煌成果。

专注是一种至高的境界，是心无旁骛地做一件事情。为了做到这一点，你必须集中你的精力，排除一切杂念的干扰。

做到了这一点，你就能一步步地接近目标，赢得成功。相反，如果你在做事情时不够专注，没有坚持下去的定力，就很容易受他人或环境的影响，很多事情可能都会半途而废，甚至是功亏一篑。

专注是赢得成功的前提

即使是一个才华一般的人，只要他在某一特定时间内全身心地投入并不屈不挠地从事某一项工作，他也会取得巨大的成就。

奥托·勒韦的故事就充分说明了"专注"的重要性。

1873年，奥托·勒韦出生于德国法兰克福的一个犹太人家庭。他从小喜欢艺术，对绘画和音乐都很感兴趣。但他的父母是犹太人，他们对犹太人所受的各种歧视和迫害心有余悸，不断敦促儿子不要从事那些涉及意识形态的行业，而要他专攻一门科学技术。他的父母认为，这样比较稳妥一些。

在父母的影响下，奥托·勒韦在进入大学学习时，放弃了自己的爱好，进入斯特拉斯堡大学医学院学习。

奥托·勒韦是一位勤奋且专注的学生，他不怕从头学起，他相信全力以赴，必定会成功。他在医学院攻读时，专心致志于医学课程的学习。奥托·勒韦还被导师淄宁教授的学识和专心钻研的精神所吸引，在这位教授的指导下，他学业进展很快。

奥托·勒韦从医学院毕业后，先后在欧洲及美国一些大学从事医学专业研究，在药理学方面取得较大进展。由于他在学术上的成就显著，奥地利的格拉茨大学于1921年聘请他为药理教授，让他专门从事教学和研究。在那里他开始了神经学的研究，通过青蛙迷走神经的实验，第一次证明了某些神经合成的化学物质可将刺激从一个神经细胞传至另一个细胞，又可将刺激从神经元传到应答器官。他把这种化学物质称为乙酰胆碱。1929年他又从动物组织分离出该物质。奥托·勒韦对化学传递的研究成果是一个前人未有的突破，对药理及医学做出了重大贡献。

后来，他受聘于纽约大学医学院，开始了对糖尿病、肾上腺素的专门研究。奥托·勒韦对每一项新的科研都能非常专注。不久，他这几个项目都获得新的突破，特别是他设计出了检测胰脏疾病的勒韦氏检验法，对人类医学做出了重大贡献。

奥托·勒韦的成功，正是因为他的努力和专注。

专注，能够使你效率增加。要想实现目标，就必须拥有专注的精神，因为这是你赢得成功的前提。聪明人会把容易令自己分散精力的事情置之度外，专心致志地朝着目标前进。

第3章

转换思路，从逆境中崛起

没有什么不可能

　　"没有办法"或"不可能"常常是庸人和懒人的托词。事实上，在那些成功人士看来，"没有办法"并不能使事情画上句号，而"总有办法"则使事情有突破的可能。

　　鉴于此，你如果想做出一番事业，就必须删除诸如"不可能""没有办法"这样的想法，把"有可能""总有办法"等类似的概念加入到你的大脑中。

思路突破

——别让"不可能"扼杀了你的自信

　　奥瑞森·马尔登曾说："人类灵魂深处，有许多沉睡的力量。唤醒这些人类从未梦想过的力量，巧妙运用，便能彻底改变一生。"

我的字典里没有"不可能"

　　美国成功学创始人拿破仑·希尔博士年轻时立志要做一名作家。要达到这个目的，他知道自己必须精于遣词造句，词典将是他的工具。但是由于他小时候家里很穷，接受的教育并不完整，因此，那些"善意的朋友"就告诉他，他的雄心壮志是"不可能"实现的，劝他不要异想天开。年轻的希尔并没有接受朋友的劝告，他用打零工挣来的钱买来了一本最完整的词典。他做了一件很奇特的事：他在词典里找到"不可能"，用剪刀把它剪下来，然后丢掉。于是他便有了一本没有"不可能"的词典。

之后，他把整个事业建立在这个前提下，那就是：对一个迫切想获得成功的人来说，没有任何事情是不可能的。最终，他被罗斯福总统誉为"百万富翁的创造者"。他的著作《人人都能成功》成为世界最著名的畅销书之一。

不是因为有些事情难以做到，我们才失去自信。而是因为我们失去了自信，有些事情才变得难以做到。

克勒蒙特·史东是一位著名的成功人士，他是属于古典的《赫雷萧·亚尔嘉成功谈》故事里的主角型人物。他早年的生活非常贫困，在南塞德卖报生涯中开始创业。

他在自己创办的杂志《成功》中谈道："不必理睬向你说'不可能'这样的人。"以下就是他的建议：

有数百万人在他们的人生中拥有能力却不能实现更高的目标，这是为什么呢？

听到别人对他说'那种事是不可能的'，他自己就相信了。如果他们能有意识地树立积极的态度，周围即使满是荆棘，也能在不侵犯他人权益的情况下，达到所有目标。

他们如果采取下列行动，就必能实现一生的最高目标，解决最困难的问题：第一，对自己读到、听到、看到、想到以及经历的事情，加以剖析、有所领悟。第二，设定极高的理想目标。然后每天利用30分钟或更长的时间，拟订计划。这样重复多次以后，潜意识中将会显现所要的答案。

只要敢想敢做，就有可能

科学家认为，一个人50%的个性与能力来自遗传。这意味着另外的50%取决于后天的培养发展。如果你能够在一定程度上改变自我，那么你最希望改变的是什么？当然，我们必须承认有些事情是我们无论如何也无法改变的，比如身高、肤色等。但是我们可以改变对它们的看法，并通过自身努力，把劣势变成优势。

许多人喜欢看NBA掘金队里的小个子博伊金斯上场打球。

博伊金斯身高只有1.65米，但他是表现较杰出、失误较少的后卫之一，不仅控球一流，远投精准，甚至在高个队员带球上篮时也毫无畏惧。

每次看博伊金斯像一只小黄蜂一样满场飞奔，人们心里总忍不住赞叹。他不仅抚慰了那些身材矮小但酷爱篮球的人的心灵，也鼓舞了众多的平凡人。

博伊金斯是不是天生的好球手呢？当然不是，他的球技是苦练的结果。

博伊金斯从小就长得矮小，但他非常热爱篮球，几乎天天都和同伴在篮球场上打球。那个时候他就有了梦想，有朝一日要参加NBA。

每次博伊金斯都告诉他的同伴："我长大后要参加NBA。"所有听到他的话的人都忍不住哈哈大笑，甚至有人笑倒在地上，因为他们认定一个1.65米的矮子是绝不可能参加NBA的。

但是，这种嘲笑并没有阻断博伊金斯的志向，反而激发了他的斗志。为了实现参加NBA的愿望，他几乎把所有的时间都用在了打球上，苦练控球要领和投篮技术。他的控球方法花样繁多，让人防不胜防。十年过去了，隐藏在他身上的篮球潜能迅速地被挖掘出来，他的球技出神入化，他终于成为全能的篮球运动员。

博伊金斯的优势：行动灵活迅速，像一颗子弹一样；运球的重心最低，不会失误；个子小不引人注意。因此，博伊金斯被人看作是美国篮球史上最伟大的控球后卫之一。

当你有了长远的人生规划，在实现自己人生目标的过程中，就要时时告诫自己：凡事皆有可能。要知道，人生旅途中没有爬不过去的山，也没有蹚不过去的河，更没有迈不过去的坎。其实，一个人要使美梦成真的唯一途径就是脚踏实地去实践它。只要定位清晰，目标明确，那么就会成功。

点亮思维

　　记住，你要对自己深信不疑。一旦你退缩，你将永远踏不出成功的脚步！因此，你要相信凡事都有可能，千万不要自我设限。

阅读分享
趣味测评
图文资讯
拓展视频

微信扫码

困难，也是机会

两个人从监狱的铁栏里往外看，一个看见烂泥，另外一个看见星星。

在人生中，我们会遇到各种挫折，不论你计划得多么周密，挫折都在所难免。然而最难以逾越的障碍并不是来自别处，而是来自我们的内心。有时候障碍在不知不觉中已经消失了，但在我们的内心中仍然存在。

只有打破内心的障碍，把困难视为"不难"，你的人生才会光明。

——看到机会，赢得光明

你的心理障碍越多，人就会变得越怯懦。要想克服困难，首先克服心理障碍，然后采取行动，勇敢地迈出第一步，从而赢得光明。

要钓大鱼，必须勇赴激流

有一个渔夫，经常在潭边不远的河里捕鱼。那是一条水流湍急的河，雪白的浪花翻卷着，一道道的波浪此起彼伏。

一群经常路过此河的学生看到他这样做感到非常奇怪，同时又觉得他很可笑：在浪大又那么湍急的河里，怎么会捕到鱼呢？

一天，有个男生终于忍不住了，他走过去问渔夫："你这是在干什么呢？"

渔夫抬头看了他一眼，没有答话。

男生仍不死心，继续追问："鱼怎么会在这么湍急的地方停留呢？"

这回轮到渔夫说话了："当然不会。"

听到答话，男生更为惊讶地问："那你怎么能捕到鱼呢？"

渔夫笑笑，什么也没说，只是提起他的鱼篓往岸边一倒，顿时倒出一团银光。那一尾尾鱼又肥又大，在地上翻跳着。

男生一看就傻眼了，这么肥大的鱼他从来都没有见过。男生以前在潭里钓上的多是一些很小的鲫鱼和小鲦鱼，而渔夫竟在河水这么湍急的地方捕到这么大的鱼，这是多么令人不可思议的事情啊。

看着瞪大了眼睛、合不拢嘴的男生，渔夫笑笑说："潭里风平浪静，所以那些经不起大风大浪的小鱼就自由自在地游荡着，靠潭水里微薄的氧气就足够它们呼吸了。而这些大鱼就不行了，它们需要水里有更多的氧气，没办法，它们就只能拼命游到有浪花的地方。浪越大，水里的氧气就越多，大鱼也就越多。"说着，只见渔夫手一扬，一条足有二三斤重的鱼被甩进了鱼篓。

渔夫重新放下鱼竿，得意地说："许多人都以为风大浪大的地方是不适合鱼生存的，所以他们捕鱼就选择风平浪静的深潭。他们恰恰想错了，一条没风没浪的小河是不会有大鱼的，而大风大浪恰恰是鱼长大长肥的唯一条件。大风大浪看似是鱼儿们的苦难，但恰是这些苦难才使得鱼儿们茁壮成长。"

这个故事告诉我们：我们在遇到困难时，往往会产生许多思维障碍，我们暂且把这些障碍称为"心障"，而正是这些心障把我们的心灵囚禁在陈规以及貌似合理的标准中，使我们失去了创造力，看不到困难中潜藏着的巨大机遇。

坚持下去，让困难成就自己

自己的命运要由自己来把握，当你真正想要得到一件东西时就一定能弄到手。要想获得什么东西，就必须马上付诸行动。如果你想要实现自己的梦想，就一定要有无论遇到多大困难都必须去克服、无论遇到多少问题都必须去解决的精神。

我们看看下面的故事：

在中国商界有一个响当当的名字——王月香。早年她离开家乡闯荡西安。在这人生地不熟的古都西安，为了尽快赚得"第一桶金"，她开始做起了服装批发生意。几年过去后，她有了一定的资本积累。一心想把事业做大的她决心扩大投资规模，向更高的人生目标迈进。

机遇终于来到，王月香从朋友那里了解到陕北油田允许民营开发的信息，她做出了放弃服装批发生意、转向石油开采投资的重大决定。

在原油开发过程中，王月香的运气一开始并不好。创业早期，她和丈夫变卖了所有的财产，一起来到位于延安市延长县的油田。确定勘探地址后，他们以荒原为家，日夜驻守在钻塔前的帐篷里，既当老板又当工人，与所雇的钻井工人一起干活儿，白天一身泥水，夜晚和衣而眠。由于丈夫身体不好，王月香不仅担任工地总指挥，同时负责材料供应和后勤工作。由于疲劳过度，加上高温中暑，王月香的丈夫不久病逝，全部重担便落在了一个弱女子身上。这使她不得不重新审视自己当初抉择的正确性。痛定思痛，为了激励自己，她改名为王荣森，把自己的命运同油井拴在一起，发誓要战胜厄运，走向成功。

对成功的执着追求，成为王月香全部的精神支柱，支撑着她迎接不断袭来的重重困难。转眼就是一年，这位经过千辛万苦成长起来的女商人，再次遇到了无法预料的问题。恰在丈夫周年忌日这一天，即将完工的钻井突然发生故障，钻杆被井壁死死卡住，无论采用什么办法都转动不了，钻井工人费尽心思也无法将其启动，眼看480万元的投资在最后时刻要付诸东流。但王月香面对困难不畏缩，身处逆境不绝望，敢于坚持到底。因为她知道，只有坚持到底，才能看到胜利的曙光。于是她在钱粮告罄时四处求援，经过努力，终于绝处逢生，最终解决了难题。钻杆启动之后，钻井也终于完成，滚滚而出的原油成为对王月香创业精神的最大褒奖。

这个故事告诉我们：如果把对问题的畏惧如顽石一般堆积在心里，面对那些看似坚不可摧的重重障碍，你就会寸步难行，你的一生就只能在畏惧中度过。其实问题通常都没有你想象得那么难，只要坚持下去，就有可能在困境中成就自我。

点亮思维

很多人之所以失败，就在于他们只看到了困难，却没有意识到蕴藏在困难中的巨大机会。所以他们从来就没有踏出自己真正想要的第一步。如果你想成功，光有行动还不够，还要坚持不懈，任何情况下都不能轻易放弃。

不为失败找借口，
只为成功找方法

借口是敷衍别人、原谅自己的"挡箭牌"。它也像一剂鸦片，如果你一而再、再而三地去品尝它，就会变得心虚、懒惰、缩头缩尾，最终丧失执行力。

借口越多越使人贫穷。为失败找借口的人永远也走不出失败。告别借口，问自己"我怎样才能成功"，而不是"什么因素让我不成功"。

任何成功都来之不易，都是在不断地探索和失败中获取的珍贵成果。那些真正的聪明人，就善于从失败中吸取教训并不断地改变自己，进而完善自己。为了成功，你需要做的是在生活中创造积极的东西，并随时调整你做事的方式。

▎思路突破

——从失败中汲取经验

也许从出生的那天起，失败就与我们相伴。所以，当我们面对失败时，就没有理由垂头丧气、愁眉不展，而应该真诚地用笑脸去迎接它的到来，并感谢它给了我们一次成长的机会。

不为失败痛苦，为失败感恩

生活中，我们每个人或多或少都会面临一些失败和挫折，但为什么有的人能成功一世，有的人却平平一生呢？关键就是有的人把失败当成了纯粹的失败，在一连串的抱怨声中迎来的只能是再一次的失败。所以，那些成功者在面临失败时从来不会为失败找借口，而是汲取经验，接受教训，在失败中找出解决问题的途径和方法。

泰国商界的风云人物施利华，曾是一家股票公司的经理。他呕心沥血为公司赢得了几个亿的利润，自己也因此发了家。后来他转做房地产，把自己所有的积蓄全都投了进去，但由于时运不济，1997年的金融风暴让这个昔日的亿万富翁一夜之间变得一无所有，还负了一身的债。面对命运的无情捉弄，他却说了这样一句经典的话："如果没有这次的失败，我就没有机会享受从头做起的快乐，更没有时间享受和爱人一起吃苦的幸福。所以我得感谢这次失败。"与众不同的思维注定是要有大作为的。后来，他不但创出了独特的"施利华三明治"，而且生意越做越火，大有东山再起的苗头。

不可否认，失败会带给我们一度的消沉，但那只是暂时的。失败过后，我们会变得坚强，变得懂事，变得成熟。失败过后，我们才觉得，失败是我们成长中必不可少的甘露。所以，我们不得不感谢失败带给我们的宝贵经验，不得不感谢失败带给我们一生的财富。

生命中，当我们得到某个人的帮助时，我们会以一颗感恩的心铭记一生。而面对失败，我们却一度地认为它是专门和我们作对的敌人。换一个角度去想，失败又何尝不是一位对我们不求回报的"恩人"呢？所以，不要再为失败找各种借口，以一颗感恩的心看待它，你就会从中得到更多。

把失败当作成功的阶梯

失败是客观存在的。只要做事，失败就不可避免。而那些善于从失败中吸取教训的人，才是真正聪明的人。

对于那些成功者来说，他们从不介意一时的成败。失败只会让他们变得更加成熟。

美国企业家保罗·道弥尔就是这样一个聪明的人。他专门收购面临危机的企业。这类企业在他的手中经过整顿，个个起死回生，财源广进。

1948年，21岁的保罗·道弥尔离开了匈牙利，来到美国。当时，他一无所有，最大的资本就是拥有一个健康强壮的身体。

在美国找一份工作勉强度日并非难事，但是胸怀大志的道弥尔并不满足。在一年半时间里，他竟变换了15份工作。最后，道弥尔在一个制造日用杂品的工厂正式开始工作了。

一天，老板把道弥尔叫到办公室，对他说："我还有许多事情要做，我想把这个工厂交给你照管，你不会反对吧？"道弥尔非常高兴，他很自信地说："谢谢您对我的信任，我想我会把它管理得很好。"道弥尔做了工厂主管，每周工资由30美元升到了195美元。这笔工资在当时来说是不小的收入，但他追求的不是这个，他要向做一个企业家的目标奋斗。这个小工厂虽然能学点管理经验，但毕竟有限。

道弥尔认为：要想做一个企业家，不仅要学会管理工厂，还必须熟悉市场，了解顾客的心理和需求。销售部门是企业的最重要的部门，不懂销售业务就不能成为现代的企业家。因此，半年之后，他向老板递交了辞呈，决定做推销员。

他做推销员之后，视野果然开阔了许多。仅用两年时间，道弥尔便用自己的才智和心血编织了一个庞大的销售网，成为当地最富有的推销员。就在这时，道弥尔做了一个惊人的决定：将一家濒临破产的工艺品制造厂以高价买了下来，同时拥有70％的股份。也就是说，这家工厂成了他的控股企业。

有人问道弥尔："为什么你总爱买下一些濒临倒闭的企业来经营？"他回答得十分巧妙："别人经营失败了，接过来就容易找到它失败的原因。只要把导致失败的原因找出来，并加以纠正，就会得到转机。这比自己从头干起要省力得多。"

那些成功者从不介意失败，无论遇到多么大的失败，他们都能够镇定自若。更为可贵的是，他们能够把失败当作成功的阶梯，从失败中及时总结经验，不断地改变自己，再接再厉，克服一切阻碍，最终获得成功。

点亮思维

失败并不可怕，可怕的是你失去了面对失败的勇气。生活不可能一帆风顺，大大小小的失败与挫折在所难免。如果我们没有一个良好的心态，那么等待自己的将是一个更大的失败。

第4章

转换思路，让你的人生长线发展

工作还是职业

职业跟工作是两回事。职业的规划是长远的；而工作只是谋生的手段。职业和工作又是结合的。把工作当职业的人，中年后往往是业内的精英，是管理层，甚至是老板；把工作纯粹当工作的人会一辈子陷入"工作——生存——工作……"的怪圈，薪水低，生活质量也低。要走出这个怪圈，就得先给自己选定一个职业。

同样在公司里工作，有的人懒洋洋的，有的人却很努力。真正努力的人都是为自己做事——他们有更高的需求：把这份工作当作长线发展的"职业"来做。

思路突破

——做职业生涯的主人而非奴隶

有质量的生活需要三个篮子：第一个篮子装的是生活必备金，第二个装的是生活保险金，第三个装的是生活畅想金。要想把这三个篮子都装满，一个人需要付出巨大努力。然而，有许多人也不比别人努力得少，可就是只得到了第一个或前两个，这是什么原因呢？我认为这与他们的选择和做法有关。

找准你的职业定位

职业生涯的设计，不仅能帮助个人实现目标，更重要的是有助于真正了解自己，从而设计出合理、可行的职业生涯发展方向。在激烈竞争的时代，只有掌握个人的竞争优势，才能把握稍纵即逝的机会，发挥个人的潜能，实现预定的人生目标。

然而，对于那些初入职场的新人来说，面对着复杂多变的职场风云，他们似乎有些无所适从。其实，要想摆脱这种状况，只需要按照既定的人生目标，找出最准确的职场定位，就能起到事半功倍的作用了。

关于职业定位，有专家认为可以分为以下五类：

第一类，技术型定位。这类人多出于爱好的考虑，并不想从事管理工作，而是愿意在自己所处的专业技术领域发展。

第二类，管理型定位。这类人很想去做管理人员，同时，经验也让他们知道，自己有能力达到高层领导职位。

第三类，创造型定位。这类人需要拥有属于自己的东西，如以自己名字命名的产品或工艺等。

第四类，自由独立型定位。这类人更喜欢一个人做事，不愿意彼此依赖。但是他们不同于那些简单技术型定位的人，他们不愿意在组织中发展，而宁愿做咨询人员或独立从业等。

第五类，安全型定位。这类人最关心的是职业的稳定性与安全性。他们会为了稳定的工作、可观的收入、优越的福利待遇等付出不懈的努力。

新生活从选定方向开始。我们的职业生涯有了方向就可以避开职场的暗礁长驱直入。成功的人和不成功的人就差这一点。

另外，一个人要做到职业发展路线准确，还必须考虑自己的特点和兴趣，择己所爱，选择自己喜欢的职业和岗位。只有这样，你才能在整个职业生涯中不断地获得成功。

我为自己工作

李强是一个农民工，只有初中文化程度。但他不甘心一辈子给别人打下手，无时无刻不在寻找发展的机会。后来，几经波折，他来到北京城建公司所属的一个建筑工地打工。从进入建筑工地那一天起，他就下定决心要做同事中最优秀的建筑工人。当其他人抱怨工作苦、薪水低的时候，他却默默地积累着工作经验，并自学建筑知识。

晚上吃过晚饭，工友们往往聚在一起闲聊天或打扑克，只有李强躲在角落里看书。有一天，公司的经理到工地检查工作。视察工人宿舍时，经理看见了他手中的书，又翻了翻他的笔记，什么也没说就走了。

第二天，经理把李强叫到办公室问："你学那些东西干什么？"他不慌不忙地回答说："我想我们工地并不缺少工人，缺少的是既有工作经验、又有专业知识的技术人员和管理者，是不是？"经理点了点头。

不久，李强就被破格任为技师。那些打工者中也有人讽刺挖苦他。但是他回答说："我不是单纯为了赚钱，我是在为自己的梦想打工。我们只能从工作业绩中提升自己。我要使自己的工作所创造的价值远远超过所得的薪水。我只有把自己当作公司的主人，才能获得自身发展的机遇。"

正是有了这样的信念，他才努力工作，刻苦钻研，并系统掌握了建筑技术知识。就这样，李强一步一步升到了总工程师的职位。

李强的成功得益于他自己的努力。自加入公司的那一天起，他就胸怀大志，为自己的目标不懈奋斗，公司也就成了他实现自己奋斗目标的平台和施展自己才华的舞台。正是由于有这种为自己工作的想法，他才能不断进取。他还负责了重要的国华大厦项目。他的工作热情和管理才能又被城建公司的总经理发现。总经理立即让李强做了自己的副手，主管全公司事务。由于他的积极努力和热情工作，加上他日渐成熟的管理技术，30岁那年，他被任命为城建公司副总经理。

李强成功的人生经历说明：一个人不仅仅是为公司工作，更是为

自己的未来工作，这是一个优秀员工时刻要牢记的。只要你以一种主人翁的心态去对待工作，把公司当作是自己实现抱负的平台，那么你就离成功不远了。因为你已经和公司融为一体了，你的每一次努力都不会白费。因此，从这个角度看，你的工作不是为别人，更不是为薪水，而是为自己！

点亮思维

　　职场是另一个家，虽然不用我们去费力装修，但有一点必须知道，那就是：你对它有多好，它才会对你有多好。只有把工作纳入职业规划，人生才会更有成就，并且实现长线收益。

方向比努力更重要

一个人要想成功，最关键的一步就是首先要为自己树立一个明确的奋斗目标。没有前进的目标，你就不知道该往哪里走；没有奋斗的目标，你就不知道自己该干什么；没有人生的目标，你就不知道自己为什么而活着。正如空气对于生命一样，目标与成功也是这样一种关系。如果没有空气，没有人能够生存；如果没有目标，也就没有真正意义上的成功。

思路突破

——朝着正确的方向努力

成功，需要及早设定目标。只有确立了前进的目标，一个人才会最大可能地发挥自己的潜力。只有在实现目标的过程中，我们才能够检验出自己的创造性，调动沉睡在心中的那些优异、独特的品质，才能锻炼自己、造就自己。

有梦想才能扬帆起航

有这样一个小故事：

三个工人在砌一堵墙。有人过来问："你们在干什么？"

第一个人没好气地说："难道你没看见吗？砌墙。"

第二个人抬头笑了笑，说："我们在盖一幢高楼。"

第三个人边干活边哼着歌曲，他的笑容很灿烂："我们正在建设一个新城市。"

十年后，第一个人在另一个工地上砌墙；第二个人坐在办公室中画图纸，他成了工程师；第三个人呢，成了前两个人的老板。

辛勤工作并不表示你真正投入到工作中了。同样砌墙，有的人默默埋头苦干，虽然觉得工作很无聊，但还是认命地做下去；有的人一面砌墙，一面想象这座墙砌成后的面貌。

做着同样工作的建筑工人，最后的结局之所以如此不同，就是因为他们的观念存在差异。在工作上，你必须有目标，并为你的目标而努力。

明确方向，开始努力

一个人要想获得成功，就必须有一个清晰明确的目标。目标是催人奋进的动力。虽然你每天不停地奔波劳碌，可没有目标便全是无用功。而那些成功人士，他们目标明确，所以他们能轻松地一直走到成功。

美国一个研究成功的机构，曾经长期追踪100个年轻人，直到他们年满65岁才不追踪。结果发现只有1个人很富有，其中5个人有经济保障，剩下94个人情况不太好，算是失败者。这94个人之所以晚年拮据，并非年轻时努力不够，主要是因为没有选定清晰的目标。

一个没有目标的人就像一艘没有舵的船，永远漂流不定，不会到达成功的海岸。前美国财务顾问协会的总裁刘易斯·沃克曾接受一位记者采访。他们聊了一会儿后，记者问道："到底是什么因素使人无法成功？"

沃克回答："模糊不清的目标。"记者请沃克进一步解释。沃克说："我在几分钟前就问你，你的目标是什么？你说希望有一天可以拥有一个山上的小屋，这就是一个模糊不清的目标。'有一天'是哪一天？不够明确。因为不够明确，成功的机会也就不大。

"如果你真的希望在山上买一个小屋，你必须先找出那座山。我告诉你那个小屋的现值，然后算出五年后这个小屋值多少钱。接着你必须决定，为了达到这个目标你每个月要存多少钱。如果你真的这么做，你可能在不久的将来就会拥有一个山上的小屋；但如果你只是说说，梦想就可能不会实现。没有实际行动的梦想，则只是妄想而已。"

有理想、有追求、有上进心的人，一定都有一个明确的奋斗目标。他懂得自己活着是为了什么。因而他的所有努力都能围绕一个比较长远的目标进行。他知道自己怎样做是正确的、有用的，否则就是做了无用功，或者浪费了时间和生命。显然，成功者总是那些有目标的人。鲜花和荣誉从来不会降临到那些没有目标的人头上。

点亮思维

人要想成功，必须了解自身所处的位置以及未来的发展方向。没有方向，会使努力无所依附；没有方向，也会四处碰壁，产生迷茫。一个没有方向的人，很容易变得懒怠、消极，甚至产生悲观的情绪。

放弃"小鱼",
才能捕到"大鱼"

两个人，一样的有才，一样的努力，一样的出身背景，可是到后来，他们的收益却迥然不同。为什么？

原因就在于眼光的不同：一个眼光狭隘，盯住的都是眼前"小鱼"；一个心胸广阔，放眼未来的"大鱼"。他们都在忙，可是，一个忙来忙去得到的是蝇头微利，另一个却忙出了功成名就。

——着眼长远，放弃一时小利

中国有句古话："有舍才有得。"有所得，就必有所失。要想获得某些有价值的东西，就必须放弃许多东西。

舍得牺牲小利，才能赢得大利

在现实生活中，我们会遇到这样的人，他们常常为了眼前的蝇头微利机关算尽，为拿到手的小利而欢欣雀跃；而另一些人则恰恰相反，他们往往"慷慨大方"，即使到手的利益也会拱手让人，这样的做法看上去似乎很傻。然而，我们会发现，后一种人往往能够赢得更多的财富，获得成功。这是因为他们为了获得未来的长远利益，往往能够不计眼前的得失，舍得牺牲小利。

犹太商人的代表——19世纪崛起于法国、后又控制世界黄金市场和欧洲经济命脉长达两百年之久的罗斯柴尔德家族，即是运用这一手段迅速发家致富。

这个古老的家族的兴旺发达，始于梅耶·罗斯柴尔德。他在实践中意识到，接近手握大权的领主并博得其欢心是在这个犹太人备受歧视的社会里中最有效的手段。

一次偶然的机会，他得到了当地有名的比海姆公爵的召见。罗斯柴尔德意识到这是一次难得的讨好公爵的机会。公爵喜欢收集古币，罗斯柴尔德就把自己花了很多心血、高价收集来的古币以低得离奇的价格卖给公爵。同时，罗斯柴尔德还极力帮助公爵收集古币，并经常为公爵介绍一些能够使其获得数倍利润的顾客。如此一来，罗斯柴尔德与公爵的关系逐渐演变为带有伙伴意味的长期关系，远非普通的买卖关系。

像这样绝对赔本的生意，也许许多普通人只会愿意做一两次。而罗斯柴尔德有着与普通人不一样的长远眼光，有着长远的打算。当时他为了能够得到发展的机会，每当遇到贵族、大金融家等人物时，他总是甘愿牺牲利润，为他们提供服务。为此他得到了在宫廷出入的自由，但是也囊中空空了。

功夫不负有心人，罗斯柴尔德的努力终于有了回报。25岁那年，他终于获得了"宫廷御用商人"的头衔。从此，罗斯柴尔德家族开始发迹，并走上世界经济舞台。

为了得到长期的利益，就必须在开始的时候舍得牺牲一些眼前的利益。放长线钓大鱼，舍小利获大利，这就是成功的秘诀。

放弃是为了超越

1990年，在北京外国语大学英语系读大四的杨澜，一次偶然的央视公开招聘中，从众多的应聘者中脱颖而出，成为《正大综艺》的主持人。

1993年年底，正大集团总裁谢国民来到北京。他认为杨澜是一个很有潜力的人，应该去国外学习一段时间，更多地去提高自己的实力。他表示愿意无偿赞助她去美国留学。谢国民的几句话，改变了杨澜的命运。

1994年，杨澜辞去央视的工作，选择了留学之路。这让很多人感到惋惜，就连喜欢她的观众们也不理解：做得好好的，还折腾什么呢？可杨澜不这么理解。在美国留学期间，她用业余时间与上海东方电视台联合制作了《杨澜视线》，第一次以独立的眼光看待并介绍世界。凭借40集的《杨澜视线》，杨澜成功地从娱乐节目主持人过渡到复合型传媒人才。

1997年回国后，杨澜加盟了刚刚创办不久的香港凤凰卫视中文台。1998年1月，《杨澜工作室》在凤凰卫视正式开播。两年的名人采访经历，让杨澜产生了质的变化，她已经拥有了世界级的知名度、多年的传媒工作经验以及重量级的名人关系资源。然而此时，杨澜又一次从光环中退出，选择开始新的生活。

2000年3月，她收购了香港良记集团，并将其更名为阳光文化网络电视控股有限公司。可惜就在杨澜刚刚创业不久，就遇到全球经济不景气。杨澜带领公司削减成本，锐意改革，终于在2003年度转亏为盈。不久，"阳光文化"正式更名为"阳光体育"，走上了新的发展历程。可是又一次获得成功的杨澜再次选择了退出，辞去了董事局主席的职务，并表示将全心投入文化电视节目的制作。

从当初成为《正大综艺》的主持人，接着去美国留学，之后又转战香港凤凰卫视中文台等，杨澜做出了太多人们想不到、不理解的选择。她拿出非凡的胆识与勇气，为自己赢得了广阔的天空和更大的财富。

从杨澜的选择和放弃中，我们可以看到，她的眼光是长远的、心胸是广阔的，她永远能看到远方的"大鱼"，并毅然决然地舍弃已到手的、令人艳羡不已的"小鱼"。

点亮思维

　　生活中，很多人没有取得大的成功，是因为满足于眼前的小利益。终日不知疲倦地为小利益奔忙，忽略了提升自己赚钱的空间和本领，因此，只能一辈子拥有一块狭小的地盘，在原地打转。

让学习成为一种习惯

在日趋激烈的社会竞争中，稍不留心或许就要被挤出时代的快车。如何最大限度地发挥自己的潜能，在激烈的竞争中脱颖而出？成功的学习方法至关重要。其实，学习关键是"会学"——把复杂的学容易，把困难的学简单。

思路突破

——学习刚刚开始

知识永远是学不够的，只有不断地补充，不断地吸收，才能走在时代的前列。学习不单只限定在学校里。很多人以为大学毕业了，就可以不用学习了，其实不然。大学毕业只是告别了学校，但不应告别学习。要学习做人、学习做事、学习说话、学习经验，乃至要学习一个很细小的生活技巧。进入社会，学习才刚刚开始。

犹太人，"书的民族"

据联合国教科文组织的一次调查显示，在人均拥有图书和出版社的比例上，以色列超过了世界上任何一个国家。除教科书和再版书外，以色列年出版图书高达2000种。而14岁以上的以色列人平均每月就要读一本书。这个读书速度在全世界也是数一数二的。还有，以色列全国公共图书馆和大学图书馆共有1000多所，平均不到4000人就有一所公共图书馆。这在其他国家简直是不可想象的。

犹太人的智慧不是凭空获得的。犹太民族是一个"书的民族"。如果你到过耶路撒冷、特拉维夫或其他以色列的城市，你会发现城市中最多的公共建筑是咖啡馆和大大小小的书店。大多数以色列人往往从一张报纸、一杯咖啡开始自己充实的一天。而许多年轻人则常愿在幽静的书店待上整整一天，对他们来说这是一种最好的精神享受。以色列每年都要在耶路撒冷举办国际图书博览会。博览会期间，来自国内外的参观采购者难以计数。在每年春季举办的"希伯来语图书周"则是以色列人自己的图书节。很多犹太人早早就准备好了买书的钱，然后像期盼一次盛会一样等待图书节的到来。以色列只有5%的文盲率。差不多每4500人中就有一名教授或副教授。犹太人还特别重视学校的建设。《塔木德》中也有这样的记载：学校在，犹太民族就在。

可见犹太人对学习非常重视。这种重视不是出自某个人，而是整个民族。

我们在学习犹太人的致富方法时，更多的是应该学习犹太人对待学习的态度，这才是最关键的。

将学习进行到底

如今，在互联网时代，各门知识更新得很快，不学习就会落伍。所以，我们应该有危机意识和进步意识，不断学习，让自己变得更加有深度，永不会在竞争中落于下风。

小吴跳槽到一家著名外资企业，刚开始还以为自己的英语不错，平时看些文章或资料都没有太大的问题。后来正式上班时才发现自己置身于一群老外中。小吴的外语口语能力一般，也影响了他在公司的发展。因此，小吴急切地希望提高自己的口语能力。他火速报了一个口语培训班，自己买了口语书和磁带，利用一切可利用的时间学习英语口语。一两个月后，效果慢慢出来了，但问题也随之而来。由于工作量的加大，每天回到家他已经筋疲力尽，练习口语的时间越来越少了，口语练习也经常因为加班、出差，最终被中途放弃了。小吴的口语水平慢慢又回到了最初。小吴很苦恼，他的朋友得知他的情况后对他说："其实学好口语并不难，重要的在于有一个交流的环境，每天只要有高手指导，你练半小时左右就可以了。"小吴想，到哪里去找这么个环境呢？一天，他偶然了解到一个通过电话的形式学习口语的培训班，自己可以选择方便的时间学习，几分钟或几小时均可。既有课程顾问整体指导，又有口语教练随机一对一陪练。于是小吴就交了费报了名。

参加第一次电话学习，小吴刚打了个招呼，便不知如何继续了。他自卑地对老师说自己口语不好，词汇量也不够，语法也有问题。老师说："没关系，现在最重要的是克服英语交流的恐惧感。"然后老师要求小吴和她练习问候，一个总共十多句话的小场景，中间有不懂的可以用中文交流。持续十多分钟后，老师让小吴过一会儿或者第二天再打电话。看似简单的"问候"，小吴打了四五个电话才能熟练运用。两个星期练了三个主题，他的英语交流的恐惧感渐渐消失了。坚持了三个月，小吴练习了许多小话题，发现自己的语感大有长进，也能和老师做一些自由交流了。最重要的是，小吴有点喜欢上和别人用英语交流了。接下来的几个月，主要是以自由交流为主。从日常生活到工作学习，从新闻事件到发表观点，其表达能力不断得到加强。小吴和各种不同身份的老师交流，开阔了视野，结交了朋友，收获的不仅仅是英语口语。开始他还习惯性地想和熟悉的老师交流，后来也接受了这种老师不固定的形式，甚至还有一种渴望同陌生人交流的想法。最后几个月，老师和小吴做了大量的模拟练习，老师或扮小吴的上司让小吴汇报工作，或扮小吴的同事与他交流工作，或扮小吴的客户让小吴介绍产品，等等。一年下来，小吴的口语水平突飞猛进。

小吴的故事不仅说明人的进步离不开不断学习，也说明学习最关键的是要找到适当的方法。这样学习起来简单轻松，效果好，学习的劲头也足。如果你正处在事业低谷期，是不是也该考虑为自己加油了？如果

你在学习中迷茫，是不是也该考虑一下学习方法的问题了？

点亮思维

　　想学习一定有方法，不想学习一定有借口。任何藐视知识、抛弃知识的人，都有可能被时代所抛弃。为了不被抛弃，你唯一的出路就是学习！

阅 趣 图 拓
读 味 文 展
分 测 资 视
享 评 讯 频

微信扫码

真金不怕火炼，
是金子总会发光

时代只会埋没平庸的人，不会埋没真正有实力的人。不要担心你的价值不会被发现，不要担心你会被埋没在人海中。只要你还在追求进步，只要你有价值，你的价值总会有被发现、被认可的一天。

每一个人都相信自己是有价值的，但并不是每一个人的价值都被别人所发现和认可。或者说，并不是每个人都实现了自己的价值。实现自己的价值关键在于首先了解自己的优势和劣势，清晰自己的定位，对自己有准确的认识，并据此定目标。目标就是通过阶段性自我分析，找到自己的软肋和竞争潜力，然后采取措施提升竞争力。

思路突破

——实现自己的人生价值

霍金患上"渐冻症"，全身瘫痪，不能言语，只有三根手指可以活动。他以常人难以想象的毅力战胜病魔，证明了广义相对论的奇性定理和黑洞面积定理，提出了黑洞蒸发理论和无边界的霍金宇宙模型。他被世人誉为现代最伟大的物理学家之一、20世纪享有国际盛誉的伟人之一。他以重病之身创造出伟大成就，将人生的价值最大化，非常值得我们去学习。

核心员工，让你在职场上不可或缺

在职场中，每一个老板和经理都希望能招聘到最好的员工；而作为应聘者，则希望找到既能满足自己的职业生涯，又能得到最好报酬的工作。要想在职场上找到生存空间，必须提高自己的核心竞争力，成为企业的核心员工。

面对严峻的形势，你准备好了吗？你用什么来和别人竞争？凭什么让别人去选择你？

唯一的最有效的理由就是你足够优秀。别人觉得你可以给企业带来价值，而且比其他人带来得多。当然，企业的文化和具体的人才还有一

个匹配度的问题，也许你特别优秀，但不适合那家公司。

毫无疑问，优秀的人比平庸的人竞争力强，选择机会多。我们不能因为有些优秀的人暂时没有获得令人瞩目的成果，就认为其只做平庸就可以了；不能因为有不少成功的企业家没有读过大学，就说上大学不重要。我们只有不断学习、不断提高，才能不断适应不断变化的世界。

在最新的管理学著作中，有一个名词——"核心竞争力"，我们要知道什么是个人的核心竞争力。所谓核心竞争力，就是你具体的能够超越别人的能力，这种能力能被他人所利用，而且能带来的价值。简单地说，你的能力别人没有办法模仿；还有更重要的是，你的这种能力，能给你的雇主或委托人带来利益。要想让自己成为企业不可或缺的人才，你就必须努力成为企业的核心员工。

是金子也要适时发光

一位哲人说过："这世界不是有权人的世界，也不是有钱人的世界，而是有心人的世界。"一个又一个成功人士的经历告诉我们：只要用心去观察、努力去创造，任何人都有可能成为与众不同的人。

从一个贫困的小保姆到一个拥有百万资产的大老板，23岁的吴敏仅仅用了三年的时间便创造了别人连想也不敢想的奇迹。然而有谁会想到，这成功居然来自一次意外事故。

三年前，吴敏还是一个保姆。一次，女主人让她陪着去参加一个楼盘的开盘活动。

售楼小姐带大家去参观样板房，当时，由于人多拥挤，不知是谁撞翻了客厅墙角处的花盆架，花盆架的掉落把电视屏幕砸碎了。看房的人们都说不是自己的责任，售楼小姐急得直哭。

回来的路上，路过一家玩具店时，吴敏的脑子里突然灵光一闪。她想，能不能用一种塑料的仿真家电来代替实物呢？这样开发商不但能降低成本，而且仿真家电挪动起来方便，不怕摔、不怕碰。

晚上，吴敏和主人谈了自己的想法。出乎她的意料，主人非常赞同她的主意，而且表示愿意出钱为她的这一创意投资。

当吴敏卑怯地说自己只是个小保姆，做这样的事会不会让人嘲笑时，主人则平静地说了一句让吴敏一生都难忘的话：这世界没有谁生来平庸。

得到主人的全力支持后，吴敏开始着手设计家电模型，联系生产厂家，拿着自己产品的照片到各个楼盘去推销，并热情地带领房地产公司的负责人来参观自己设计的家电模型。

由于一套家电模型的成本不及实物成本的十分之一，而且比实物更美观耐用，她的产品备受客户青睐，首批生产的几十套产品很快销售一空。

后来，沙发、衣柜、书橱、电脑桌、厨具、餐具等，吴敏的模型公司里应有尽有。有一段时间，产品甚至出现了供不应求的局面。于是在不到一年的时间里，她的公司便迅速积聚起上百万元的资产。吴敏也从一个的农村小姑娘，一跃成为一名远近闻名的公司老总。

做一个成功的、有价值的人，说难也难，说简单也简单。吴敏的成功就在于她是一个有心人，是一个用心去观察、去思考的人。最终她的付出得到了回报，她也实现了自己的人生价值。

所以，是金子也要适时发光。想实现自己的人生价值，有时需要大胆一点儿，用心一点儿，把你的才华展示出来。

点亮思维

当你有价值时，你的价值一定会得到社会和他人的认可！当你真正有价值时，其实，你已不必再让他人认可。

放眼长远，追求卓越

你够优秀吗？如果你认为自己够优秀的话，那么你一定还不够卓越。

每当做好一件事时，大多数人都会有一种自豪感，会有一段飘飘然的时期。如果你不再进取，就会浪费大量时间。凡事追求优秀，你可以在所从事的事业中处于上游。如果让这样的人去做整个事业的领头羊，可能有些困难，因为他们做不到卓越。做到优秀还不是最好的，只有做到卓越才能不被取代。

思路突破

——让自己更强一点儿

不要满足于优秀。满足于优秀会让你丧失掉向卓越进取的决心。你要知道，无论你多么优秀，总有比你更优秀的人。你能做的只是，让自己更强一点儿，更出色一点儿。

挑战、超越，从优秀到卓越

追求卓越，其实就是不停地挑战自己，挑战一切不可能。挑战自我，首先需要的是勇气。

弗吉尼亚大学的教育学教授卢克斯，原来是加州大学洛杉矶分校的一名教师。对于教师职业，他驾轻就熟。2001年，卢克斯即将获得在加州大学的副教授职位和一套新房子。可是他却决定放弃用十年时间经营起来的在加州大学的一切荣誉和地位，告别安稳、舒适的大学生活，自费到悉尼留学，成为一名以刷盘子谋生的普通留学生。他没有选择攻读教育专业，而是改学了新闻传播。拿到传播学硕士学位以后，他去BBC（英国广播公司）应聘记者。当时面试的人特别多，他顿时觉得自己的心凉了半截。可是他很快就又打起了精神。因为越是有压力的地方，就越能激发一个人的潜能。整整一天，进行笔试、面试……直到很多年以后，卢克斯才知道他是当时唯一一名被BBC录取的记者。

约翰是一名特种兵，他说他每天的生活就是不断地挑战自己的极限。他从进入特种兵训练营的那一天起，就要接受一次次极为严格的挑战，随时都有被淘汰的可能。内务整理、体能训练、队列训练、严格的考试等都让学员意识到：只有积极接受挑战、不断进步，才有可能成为优秀的特种兵。特种部队在作战时的每一次挑战，都是对成员承受能力的考验。有些挑战是已知的，有些挑战则是未知的。队员们必须有良好的身体素质和心理承受力，勇敢地面对。比如在热带丛林中，特种部队的士兵不仅要预防蚊虫叮咬和毒蛇的袭击，而且要对付虎狼等猛兽；在极地气候中，特种士兵要面对-40℃左右的严寒。除了复杂的气候外，还要忍受几百公里的长途奔袭，遭遇战友的突然死亡、食物的匮乏等情况。能否顺利完成作战任务，就在于士兵能否积极应对自我、超越自我。不能做到的人，只有被淘汰。

现实生活中，很多人有一种安于现状的自满心态，因此不能达到卓越的层次。自满情绪必须加以遏制，否则会让人丧失进取心。当你不进步，而别人在进步时，岂不是又把你甩在了身后？

精益求精，细节决胜

精益求精，顾名思义是指在某方面已经取得了不小的成绩，但仍需不断努力，以求做得更好。

风靡全球的著名快餐连锁店麦当劳，在121个国家中拥有3万家店，每天吸引着世界上4500万人就餐。麦当劳能够在世界范围内取得这样的成功，与公司注重细节、精益求精的工作态度和工作信念是分不开的。麦当劳把"品质、服务、整洁、价值"的经营理念细化，贯穿到企业管理的每个最微小之处。正是这些的细节管理塑造了麦当劳的卓越品牌。

看看麦当劳是如何在汉堡包的制作上做到精益求精的：面包的直径均为入口最美的尺寸——17厘米；对牛肉食品的品质检查有40多项内容；肉饼必须由83%的肩肉与17%的五花肉混制而成；汉堡包从制作到出炉时间严格控制在5秒钟；一个汉堡包净重51.03克，其中洋葱的重量为7.09克；汉堡包出炉后超过10分钟、薯条炸好后超过7分钟，一律不准再卖给顾客；汉堡包饼面上若有人工手压的轻微痕迹，一律不准出售；与汉堡包一起卖出的可口可乐必须处在最可口温度——4℃；为了使绝大多数顾客付账取物时感觉方便，柜台高度为92厘米；不让顾客在柜台边焦急地等候30秒以上……

相信看了麦当劳的经营，许多人就找到了自己的企业做不好的原因。不仅是企业，人也是这样，你希望自己卓尔不群，就要对自己提出更多的要求，就要不断地从细节入手，做到精益求精。

老子说："天下难事，必做于易；天下大事，必做于细。"

优秀其实应该是一个人走向卓越的必经之路。需要提醒你的是，你不应懈怠在这条路上，而是应该朝着前面的目标继续前行。

阅 趣 图 拓
读 味 文 展
分 测 资 视
享 评 讯 频

微信扫码

第5章

转换思路，避开失败的雷区

做事要沉着、冷静

现代社会充满变数，并且竞争非常激烈。时势有所不利之时，你仍然一味地出风头，争抢头彩，不仅不能使你脱颖而出，反而还会折戟沉沙。所以，只有那些时时谦虚，事事谨慎，把握好做事分寸的人，才能立于不败之地。

人做任何事情都不是一帆风顺的，会遇到各种各样的阻力，会遇到与强者的竞争，甚至会遭到强者的排挤。这时，要忍耐。退一步，往往会是你做事的转折点。不仅仅是为了保存自己的实力，而且还可以避免以硬碰硬产生的后果，为你日后的全盘考虑、取得成功又拓展了一条全新的思路。

思路突破

——冲动不如"三思而后行"

很多人失败不是因为他没有能力，而是没有一个冷静的头脑，面对令自己愤怒的事，不能静下心来仔细考虑解决的方法，而是凭一时的冲动乱来，结果自食苦果。

冲动是魔鬼

有人曾经说过："轻率和疏忽所造成的祸患不相上下。"许多年轻人之所以失败，就是败在做事轻率这一点上。这些人对于自己所做的工作从来不会做到万无一失、尽善尽美。

综观历史上那些留名青史的杰出人士，他们的成功昭示我们：做事千万不能轻率、急躁。因为一时心血来潮，就会失去主宰。古往今来，因轻率而失败的例子比比皆是。

三国时期刘备历尽艰辛终于拥有了东西两川和荆州之地。然而由于关羽的失误，荆州被东吴夺了过去，关羽也被杀害。刘备听说之后，悲愤交加，发誓要为关羽报仇。他要起兵伐吴。此时，他完全被自己的悲伤和愤怒所控制。赵云劝刘备说："现在的国贼是曹操，并不是孙权。曹操虽然死了，但曹丕却篡汉自立为帝，为人所怨。陛下你应该讨伐曹丕，而不应该讨伐东吴。倘若一旦与东吴开战，战争就不可能立刻停止，别的计划就不能实施。望陛下明察。"赵云的这番话颇有道理，确

实是审时度势之言。然而，此时的刘备已不可能审时度势了。他对赵云说："孙权杀害了我的义弟，还有其他的忠良之士，这是切齿之恨。只有食其肉而灭其族，才能够消除我心中的仇恨。"诸葛亮也劝刘备要以天下为重。刘备答道："我不为义弟报仇，纵然有万里江山，又有什么意思？"刘备已完全失去了理智，完全失去了审时度势的能力。

最后他感情用事，不听任何人的劝阻，结果被陆逊火烧连营七百里，大败而归。这一战损伤了蜀国的元气，刘备也在大战后不久病死在白帝城。

轻率行动必然会失去根基，急躁妄动必然失去主宰。作为一国之君，必须要有高度的修养，凡事能以国家的安危、民众的生死为重，而不是以自己的喜怒为战与不战的根据，这样才是智慧的君主。

底气不足，不可强出头

法国哲学家罗西法古有句名言："如果你要得到仇人，就表现得比你周围的人优越吧；如果你要得到朋友，就要让你周围的人表现得比你优越。"

这句话很有道理。因为当我们周围的人表现得比我们优越时，他们就有了一种自己很重要的感觉。但是当我们表现得比他们还优越，他们就会产生一种自卑感。

日常工作中不难发现这样的同事，其人虽然思路敏捷，但一说话就令人感到狂妄。因此别人很难接受他的任何观点和建议。这种人多数都是因为太爱表现自己，总想让别人知道自己很有能力，结果却往往适得其反，不仅没有获得他人的敬佩和认可，反而失掉了在同事中的威信。

高宁刚毕业就进了一家报社，专业很对口，收入也不错。踌躇满志的她很想干出一番成绩来，不但对上司交给的任务积极主动，加班加点地工作，还揽了许多不属于自己分内的事，一心想表现自己的能力。然而，她的做法并不被同事认可，老员工私下里说她太"高调"，爱出风头表现自己；新员工们觉得她想给自己邀功请赏，往上爬。

有一次，报社要采访一个重要人物，本来是安排一个资深老记者去采访的。但高宁暗地里递给领导一份申请书，说自己年轻，渴望受锻炼，希望领导能多安排采访任务，给自己成长的机会，等等。

领导接到申请书后，踌躇半天，找到高宁，问她："如果这次采访任务安排给你，能顺利完成吗？"高宁不假思索，拍着胸脯回答说："没问题，保证让您满意！"

可过了三天，采访工作没有任何动向。后来上司找到她，她才老实说："任务不如想象得那么简单！"上司没说什么，把任务又转到老记者手里，但是对高宁已经产生了不好的印象，并且开始有些反感。

由于高宁的工作延误，那篇重磅报道没有如期刊出，让社长很不悦，上司也不敢再给她以重要的工作了。

无论是在职场还是家庭生活中，要做一个"有把握，有分寸"的人，就离不开周密的考虑。凡事宜按部就班，以静制动，切不可冲动妄为，招惹是非。否则，强出风头，盲目做事，结果一定会事与愿违。

点亮思维

在行动之前，我们一定要先冷静地分析一下主客观条件是否充分，然后再做打算，这样就会避免许多冲动的行为。

自信、自负，天壤之别

美国潜能学大师安东尼·罗宾指出：影响我们人生的绝不是环境，也不是遭遇，而是我们持什么样的信念。

在很多时候，真正有助于一个人成功的是自信，而脱离实际的自负不但不能帮助我们成就事业，反而会影响到我们的生活和人际交往，严重的还会损害我们的身心健康。

古语说："知人者智，自知者明；胜人者有力，自胜者强。"人生最可怕的事情就是不能正确看待自己。而一个人要想成功，就必须有自知之明，能正确认识和评价自己，包括自己的优点、缺点，各方面的条件、能力、气质、性格、兴趣，等等。

思路突破

——划清"自信"和"自负"的界限

每个人都有自己的长处与短处，知道自己的长处，不要得意忘形；知道自己的短处，就要去改正。而一个人只有正确地认识自己，才能够给自己一个正确的定位，给自己设置正确可行的目标，让自己能够正确对待挫折和困难。

人贵有自知之明

一个人要想改变自负心态，就要懂得以平等的身份与周围的人相处。在人际交往中也应该多投入热情和真诚，这样做才有利于良好的人际关系的建立。

走上社会，谁不希望自己在最短的时间内被大家认可？又有谁不希望展示出自己最好的一面？这本是人之常情，但如果把握不好，就会被人认为是在刻意地表现自己、排斥别人，于是在不知不觉中就为自己树了敌。

张晓丽是某市人事局的一名职员。由于她工作勤奋、方法正确，取得了不错的成绩，于是人事局领导经过几番讨论研究，最终派她到本市某一区人事局做主任。

在刚到某一区人事局当主任的几个月中，她春风得意，对自己的机遇和才能满意得不得了，每天都使劲吹嘘自己在工作中的成绩：如何拼搏进取，如何被重视，如何受到上司的表扬，等等。同事听了之后非常不高兴，都避之唯恐不及。这使得她百思不得其解。过了一段时间，她发现没一个人再理她，甚至连上面的几位局长都不愿理她。在接下来的日子里，她觉得自己活得很空虚，也很孤独，每天坐在办公室里不停地唉声叹气。这一切都没有逃过一把手的眼睛。有一天下班后，他特地把张晓丽留了下来，与她做了一次推心置腹的谈话，一语点破了她的自负心理，这时她才意识到自己的症结到底在哪里。

从此她开始很少谈自己而多听同事说话。每当她有时间与同事闲聊的时候，她总是先请对方把他的欢乐展示出来并与其分享，而对方在询问她的时候，她只是轻描淡写地说一下自己的成绩。

其实，在交往中，任何人都希望能得到别人肯定性的评价，都在不自觉地维护着自己的形象和尊严。如果他的谈话对手过分地显示出高人一等的优越感，那么无形之中是对他的一种挑战与轻视，排斥心理乃至敌意也就不自觉地产生了。

在人际交往中，那些谦让而豁达的人总能赢得更多的朋友。相反，那些狂妄自负，高看自己，小看别人的人总会引起别人的反感，最终在交往中使自己走向孤立无援的境地。

摆正心态，谦虚一点儿

关于谦虚有很多名言，譬如"满招损，谦受益""虚心使人进步，骄傲使人落后"，等等。

谦虚的人往往能得到别人的信赖，尤其是年轻人，谦虚是不可缺

少的品质。因为谦虚，别人才不会认为你会对他构成威胁，他才会结交你，与你建立良好的关系。

现在的大学生在应聘的时候往往会表现得过分自信、自以为是。他们对企业一无所知，或者对应聘岗位还不清楚，就贸然前去面试，这是对企业不尊重的表现。有时候，他们还把大学学历或者学校的名字当作光环，当作资历。

王力是大学四年级的学生。春节过后，班里的其他同学都忙于找工作，可是他一点儿也不急。看着自己的辉煌四年，本就自负的他更加豪气冲天，似乎整个世界都是他的。

一次，王力去一家电子公司应聘。他衣着得体、气宇轩昂地来到应聘单位，接待小姐先让他进行理论笔试。考试内容几乎都是基本知识，他很快就完成了，并感到非常得意。那位小姐看了他的试卷之后，很礼貌地告诉他：下周三到总经理办公室面试。听了这话，他更加踌躇满志。还没到电梯口，他就得意地对一起来的同学说："来这么一家公司，我大概有点儿屈才了。要不是考虑离家近，这种单位我是不会考虑的。"

这时，电梯门开了，里面出来一位西装革履的中年人，听了他的话，语重心长地对他说："小兄弟，可不能太自负啊。"他一点儿也没放在心上，心想这个人真是有点多管闲事。

面试那天，他由于前一天晚上玩儿通宵起来晚了，去那家公司时迟到了。当他走进总经理办公室，发现耐心等待他面试的那位，竟然就是他在电梯门口遇到的那个中年人。

应聘的结果自然不必多说了。现在，目睹这家企业在业界的名声如日中天，王力真是后悔。他心想：要是当初不那么狂妄，把心态摆正一点儿，多注意一下自己的言行，也许早就是这个团队的一员了。

从王力失败的教训中，我们知道：一个人在任何时候，永远不要以为自己知道了一切。实际上，早在两千多年前，孔子就说过："学，然后知不足；教，然后知困。"做人做事的态度看似很简单，但在工作中恰是最能反映一个人的素质与修养的。如果职场新人在这个过程中表现得不好，轻则被认为个人素质不高，重则影响到自己的前途。

点亮思维

真正有助于一个人成功的是自信，而脱离实际的自负不但不能帮助他成就事业，反而会影响他的工作、生活和人际交往，严重的还会损害人的身心健康。所以，对于那些想要获得成功的人来说，一定要及早抛弃自负心理，用一种客观、理智的态度面对工作和生活。

莫让激情冲昏头脑

激情过度就是狂热。而狂热会给一个人的未来埋下严重祸根，因为由狂热产生的极端情绪会使得人们思想过于偏执，不能清醒地看待问题，不能理智地处理事情，不能稳健地拓展事业，最终一败涂地。

思路突破

——区分"激情"和"狂热"

一个人有激情地去努力工作没有错，错就错在将激情演变成狂热，使自己丧失理智。

要激情不要狂热

美国著名作家爱默生说："有史以来，没有任何一项伟大的事业不是因为热忱而成功的。"一个人之所以能够不断地取得成功，在于他能够激情有度，找到自己的缺点或者做得不好的地方，然后不断改正，从而取得一个又一个的成功。

杨乐是一名长跑运动员，他从小就对跑步产生了浓厚的兴趣。他热爱这项运动，喜欢挑战自己的极限，不断追求速度和耐力的提升。然而，他并没有因此变得过于狂热，而是更注重科学训练和比赛中的安全性。

在训练过程中，杨乐始终保持着积极的心态，并充满激情地投入到每一次训练中。他认真对待每一次比赛，全力以赴，追求卓越。此外，杨乐在面对困难和挫折时，总能保持乐观和积极的心态。他相信，只要有激情，就能克服任何困难。他也明白，过于狂热的情绪可能会影响他的判断，所以他总是尽量保持冷静和理性。正是因为杨乐在激情与狂热之间找到了平衡，他才能在比赛中屡获佳绩。他的故事告诉我们，只有在激情与狂热之间找到平衡，才能更好地实现自己的目标，更好地享受运动的过程。

李明是一个非常有激情的人。从小，他就对音乐充满热爱，立志要成为一名钢琴家。为了实现这个梦想，他付出了极大的努力，十多年来每天都刻苦练习。然而，随着时间的推移，他的成绩并没有达到理想的程度，这让他感到非常沮丧，他的激情也逐渐转变为怨恨。

有一天，李明遇到了一位音乐制作人，他告诉李明，只要他能倾情创作歌曲，就尽力去帮他实现梦想。李明激动不已，决定立即投入创作。然而，他的急于求成以及带着怨恨的情绪使他创作出的歌曲质量并不高。音乐制作人对李明的作品非常失望，放弃了他。李明的怨恨被再次放大，他决定采取非法手段来实现梦想。他剽窃了多人的作品并制作成音乐制品大量出售，终因涉嫌非法制造和销售音乐制品而被捕，他面临的将是法律的审判，他的音乐梦想也彻底破灭了。这个故事告诉我们，激情是好的，但过度的激情可能会让我们失去理智，做出错误的决策。我们应该学会控制自己的激情，用理智来指导我们的行动。只有这样，我们才能在追求梦想的道路上越走越远。

让激情收放自如

激情，就是人们受到外部事件冲击而引起的一种强烈激动的情感。它来得迅速而猛烈，犹如狂风暴雨。激情的产生有两个特点：一是会改变人的整个态度，使人产生异乎寻常的行为；二是不能清楚地意识到自己在做什么，也不能预见自己行为的后果，自我控制的能力降低。

事实上，激情是可以被控制的，它会按照你的需要收放自如。

那么，如何使自己的激情收放自如呢？

（1）自我提醒

一些容易产生激情的人，事前就要提醒自己不要遇事就激动。在情

绪激动时，轻声警告自己"冷静些""不能发火""注意自己的身份和影响"等，抑制自己的情绪；也可以针对自己的弱点，预先用纸写上"制怒""镇定"置于案头上等。例如，林则徐写了个"制怒"的条幅挂在墙上，就是为了自我警戒。

（2）冷却处理

当激情产生后，不要急于去解决那些引发激情的问题，而要采取冷静的态度，将问题暂时搁置，等以后再进行处理。比如，在余怒未消时，可以看电影、听音乐、下棋、散步等，使紧张情绪松弛下来。

（3）脱离不适的环境

倘若你感到环境对你有一种压抑感，或者你经常为一些小事忧愁不已时，你最好换一个更为开放广阔的环境，以净化你的心灵。

（4）用超脱或幽默的手段对待引发激情的人和事

当出现不能调和的现象时，要能很客观地了解面临的事实，同时不要让自己陷入激动的状态。在这里，最好的办法就是用幽默去对待。这样做，常常可以使一个原本比较紧张的气氛变得轻松。心理学家认为，人不是因为高兴才笑，而是因为笑才高兴；不是因为悲伤才哭，而是因为哭才悲伤。生活中要多笑勿愁，要培养幽默感，用寓意深长的语言、表情或动作，机智、巧妙地表达自己的情绪。比如，以心胸豁达著称的清代书画家郑板桥，曾以"难得糊涂"相标榜，让人们以超脱的态度对待个人利害之争。

（5）有意识地进行自我控制

激情发生时，意识对行为的控制会削弱。在激情发生时会有强烈的外部表现，如狂喜时会手舞足蹈，暴怒时会暴跳如雷，恐惧时会浑身颤抖等。处在激情状态时，不能清醒地意识到自己行动的意义与后果，在激情消失之后往往会对自己的行为后悔不已。

但是，这并不等于说激情发生时是完全无意识的，可以不对自己的行为负责。实际上，激情产生时只是意识变得削弱。所以，每个人都应该有意识地控制自己的情绪。

点亮思维

一个事业上的成功者应该激情有度，多则减，少则补，调到刚刚好，方是处事之道。

坚持到底不一定胜利

一个人要想成功，就必须把眼光放长远。同时，要了解自身所处的位置以及未来的发展方向，才能坚持不懈地走下去。做得好你便能成功，做得不好你便会失败。

如果方向错了，行动起来就会四处碰壁。所以，该放弃时就放弃。

中国有一句谚语："没有金刚钻，不揽瓷器活。"尽管"三百六十行，行行出状元"，但是一个人行行都得心应手是不可能的。人的能力是有限的。

不要再为不可能做到的事而孜孜不倦；更不要为无意义的事情去"抛头颅，洒热血"。

思路突破

——不要在绝路上坚持到底

懂得放弃不失为明智之举。因为，一个人的精力是有限的，人不可能在各个领域都获得成功。也许在你放弃的同时，成功的彼岸已清晰地映在你的眼前。

撞了南墙要回头

古人云："有志者，事竟成。"希望事业有成就的人，都要有恒心和毅力，朝着目标走，最终目标可能会实现。但是，我们也应该看到，要实现目标，还受许多其他客观因素影响。要考虑到天时、地利、人和，并非只凭我们满腔的热忱就能实现。如果我们没有考虑足够的客观因素就一味地努力，到头来还是吃力不讨好。

齐鸣是学中文专业的，大学毕业后，他就认定了一个目标：考金融专业的研究生。为了生活保障，他进了一家出版机构做编辑。他按时上班，按时下班，剩下的时间全用来复习考研。

第一年考完后，分数下来，他没有考上。齐鸣想自己考的不是本专业，比别人多花一年时间也是应该的，于是摩拳擦掌，准备再考一年。次年又是没考上。齐鸣想任何辉煌的成就都来自艰苦的奋斗，在最黑暗的时刻如果能再坚持一下，也许就会成功，于是做好了第三年再考的准备。遗憾的是，第三年他还是没考上。这次，老同学来宽慰他，说："你怎么这么傻呢？学金融真的适合你吗？如果你真有这方面的头脑，早就考上了。"一语点醒齐鸣。看看老同学，同样学中文的，已经升为一家出版机构的编辑部主任了，而自己，由于这三年来心思不在工作上，依旧是个助理编辑。

追逐梦想的过程中，有的人发誓要把南墙撞破，可南墙是很难撞破的；有的人撞了南墙头破血流，适时回头，为人生打开另一番天地。

诺贝尔奖得主莱纳斯·波林说："一个好的研究者知道应该发挥哪些构想，而哪些构想应该丢弃。否则，就会浪费很多时间在无谓的构想上。"有些事情，即使是你做了很大的努力，并为之坚持不懈、苦苦劳作，但最终你会发现你走向的是一条死胡同。这时，就需要你能够退出来，重新研究，寻找对策。目标不能达到时，就去开发别的项目，寻找新的成功机会。

所以撞了南墙一定要回头。条条大路通罗马，一条不行，还有第二条、第三条……不要一成不变，过于死板。若你做事撞了南墙，撞得一塌糊涂，那就说明路走得不对，不回头可就无可救药了。

"撞了南墙要回头"就是要求每一个人在关键时刻，放弃无谓的固执；冷静地分析，审慎地运用智慧，做最正确的判断，选择正确的方向，并及时检视选择的角度，适时调整。

该放弃时就放弃

对于那些成功人士来说，成功的机会无处不在。他们有一双慧眼，能在成功与失败之间做出正确的选择。

明智之人会适时选择，该放弃时就放弃。学会放弃，是一种人生哲学；敢于放弃，更是一种生存魄力。正所谓：有所弃，才有所为。

面对困难与挫折，也需要学会放弃；面对物欲与名利，更需要学会放弃。很多聪明人明白这一道理，从不患得患失，更没有过多的欲望。他们敢于放弃，所以无论干什么，都能取得成功。

在很多人的眼中，放弃是懦弱、无能的表现。但是，谁愿轻易言败？谁又愿意放弃？选择放弃之前，都要经过充分思考，做出一番心理斗争。无谋之勇并不是智者的表现。

放弃的另一种更高的境界，是放弃我们已取得的成功。而在人生路上重新尝试并不是每一个人都能做到的。能够这样做的人，需要有很大的勇气。因为这与前面的情形不同，前者是在失败后寻找另一种出路。由零开始的艰苦奋斗的过程只有自己明白，谁不珍惜这得来不易的成功？放弃当前，意味着之前取得的成功将会付诸东流，自己将从新起点出发。前面的路是否平坦或者崎岖，谁都不知道。有可能会跌倒，输得一败涂地，从此再也无法翻身。所以这样的放弃的确需要很大的勇气。当我们放弃已取得的成功走上另一条路时，也可能会发现现在所走的路才是自己应当走的，现在才是自己生命的开始。这时，我们才真正找到自己的人生奋斗目标。

点亮思维

当你有既定目标时，一定要坚持不懈、努力拼搏，最终去实现它。如果行不通的话，就尝试着换一种方式去努力。如果仅仅为了寻找机遇而无所顾忌，勇往直前，一旦走错路，往往就会以失败而告终。

第6章
转换思路，结交天下友朋

主动伸手："你好！"

　　面对陌生人，大多数人的第一反应是提防。"不要跟陌生人说话"是许多人出门在外自我奉行的条例。实际上，和陌生人交谈并非一无是处。或许，你的下一个朋友就在你身边的陌生人中。而这个朋友，可能成为你推心置腹的知己，也可能成为你生命中的贵人。

　　跟陌生人说话是人际交往的一部分，而人际交往是我们生活中不可或缺的环节。现代社会，人脉关系对于一个人能否成功起着至关重要的作用。跟陌生人说话是一个扩大自己交际范围的机会，也是扩大自己朋友圈的机会。多一个朋友多一条路，身边的朋友越多，自己的人生道路也就越四通八达，获得成功的机会也就越多。

思路突破

——主动出击，扩展交际平台

　　交际平台的扩展和交际能力的提高都是在与陌生人的交往中实现的。想让自己的交际面更宽阔，交际能力更强，就要多去跟陌生人接触。跟陌生人交流要学会主动出击，不然你不吭声，对方也不吭声，相互之间就会错过。要培养自己的口才，要说得体的、大家都爱听的话，不要吝啬赞美别人。要摆脱与陌生人交往的恐惧感，不要怕遭到冷落和拒绝。

陌生人可能是潜在的贵人

面对陌生人，一般人的反应都是提防。很多孩子从小就受到父母的告诫：不要和陌生人说话，不要吃不认识的人给的东西。的确，个别心怀鬼胎的人会利用小孩子识别能力不强来干坏事，甚至很多成年人也常遭受其害。但是，理性地来看，和陌生人交谈并非一无是处，甚至有时陌生人可能成为你生命中的"贵人"。

一天午后，大雨倾盆，猝不及防的行人们只好躲进就近的店铺避雨。一位老妇人也蹒跚地走进一家百货商店。老妇人被雨淋过的姿容略显狼狈，所有的售货员都对她心不在焉，视而不见。

这时，一个年轻人走过来对她说："夫人，有什么需要我帮忙的吗？"老妇人微微一笑说："不必了，谢谢。我就在这儿躲会儿雨，马上

就走。"老妇人随即又心神不定了，不买人家的东西，却借用人家的屋檐躲雨，似乎不近情理。她想自己应该在百货店里转转，哪怕买个头发上的小饰物呢，也算给自己躲雨找个心安理得的理由。

正当她在百货商店徘徊时，那个年轻人又走过来说："夫人，您不必为难，我给您搬了一把椅子放在门口，您坐着休息就是了。"过了一段时间，雨停了，天空放晴。老妇人临走时来到年轻人面前向他道谢，并向他要了张名片，就颤巍巍地走出了商店。

三个月后，这家百货公司的老板收到一封信，信中要求将那位热情的年轻人派往苏格兰收取一份装潢整个城堡的订单，并让他承包自己家族所属的几个大公司的一季度办公用品的采购订单。这位老板高兴极了，他大致算了一下，这一封信所带来的利益，相当于他们公司两年的利润总和。

兴奋之余，他迅速想办法与写信人联系。等他联系上写信人后才知道，这封信竟出自一位老妇人之手，而这位老妇人正是鼎鼎大名的美国亿万富翁"钢铁大王"卡耐基的母亲。

老板马上把这位叫菲利的年轻人推荐到公司董事会上。毫无疑问，当菲利坐上前往苏格兰的飞机时，他已经成为这家百货公司的合伙人了。那年，他只有22岁。

随后的几年中，菲利以他一贯的忠实和诚恳的品质成为"钢铁大王"卡耐基的左膀右臂，事业得到很快的发展。

无论你有没有菲利那么好的运气，你都应该相信，和陌生人交流是有益处的，不应该盲目排斥。其实，和陌生人交谈可以增强一个人的自信，也有助于人格发展。突破与陌生人的交流障碍，相信可以使你的事业更上一层楼！

克服交际障碍，多与陌生人交流

和陌生人交谈，更能锻炼口才。熟人之间，彼此都很了解，不会特别注意说话的方式和技巧。而陌生人之间的交往，需要我们有意识地运用沟通技巧来建立关系。多次下来，人际沟通能力和口才就会得到提高。跟陌生人交流，既能结识新朋友，又能锻炼口才，何乐而不为呢？

小李是刚毕业的大学生，在一家公司做销售。小李工作很努力，人也聪明，就是有一个毛病：不太善于与人交流，跟熟人说话都会脸红，紧张冒汗，不知该说什么，跟陌生人就更别提了，但做销售大多数时间都是与陌生人打交道。小李工作两个月，因为不善跟陌生人交流，业绩很不好，为此他很是苦恼。

公司的部门经理为解决小李的这种问题，跟小李进行了一次深入的谈心。经理告诉小李，与人交际，不能怕被拒绝，尤其是作为一个推销员，更不能怕被拒绝。著名的推销保险专家雷德曼说过一句名言："推销，从被拒绝时开始。"确实如此，一名推销员若因客户一句反驳的话就退却，注定成不了推销高手。推销手段的最高境界，就在于即使被拒绝也要强行突破，并设法掏出对方的钞票。一般来讲，推销高手们在推销的过程中，即使被拒之门外，也毫不退缩，反而对你的潜在客户说"给我几分钟吧先生""我只说几句话"等，继而提出一些让对方容易接受的限定条件。这时，除非对方太忙没时间，否则，若他无明确拒绝你的话，一般听了你提的这类限定条件，便会依人情面而妥协，给你"几分钟"的时间。一旦这道防线成功突破，恭喜你，你已经成功一半了。再加上你的巧言妙语，真的让他动了心，别说就几分钟，恐怕你说少了他都不让你走。

经理向小李提出了一些与陌生交流的建议，他建议小李先从结交陌生朋友开始，锻炼自己与陌生人交往的能力，锻炼自己的口才，然后再逐步在陌生人中寻找自己的客户资源。最后他还向小李提供了克服焦虑和紧张的方法：首先，要多学习。参加一些专业人士组织的培训班，跟着别人去社交场合锻炼。多观察别人，多向别人学习。其次，循序渐进。先跟很熟的人交往，逐步过渡到与不太熟悉的人交往，再过渡到与陌生人交往。从交往时间上来说，刚开始可以从5分钟开始，然后到10分钟，不断增加。再次，要学会转移紧张情绪，不要用不好的心理预期否定自己，而是要相信自己一定能做到最好。要抱着一种敢于展示自己的心态。最后，初次沟通时要积极回答别人的问题。与陌生人交谈时，为了缓解紧张的气氛，必须努力营造亲切的氛围。人家问你问题时，不要简单回答"是"或"不是"，要让话题能够继续下去。面对陌生人不需要特意装模作样，不过也要表现出你的诚意。要学会解读现场的气氛与对方的心态；要避免谈论会让人讨厌的话题；不要一直发表高见，也要学习倾听别人说话。解读现场的气氛，看准时机再发言，就算对方的反应不是很热情，也不必感到沮丧。我们本来就不可能讨好每个人，不过一定还有挽回的机会。

小李按照经理传授的方法试着做了三个月后，整个人都变了，再也没有交际障碍了，业绩自然也上去了。

我们在与人交往的时候，要积极主动地与对方交流，逐步克服自己的交际障碍，这样我们才能赢得更多的朋友。

点亮思维

跟陌生人交谈不仅是一次扩展自己交际平台的机会，也是一次锻炼自己的胆量与口才的机会。通过与陌生人的交谈也可以拓宽自己的知识面与视野。任何一个陌生人都有可能成为你生命中的"贵人"。

无事也登三宝殿

感情可以作为一种投资，而且是一种长线投资。亲朋好友、同事领导之间平时应该多走动，不要遇到麻烦请求帮忙时就热切地联系，不要一年半载也不通一次电话。感情是要靠日常培养的，临时抱佛脚是没有用的。平时没事不妨通通电话，遇到麻烦时才不会孤立无援。

思路突破

——感情投资回报更高

像资本投资一样，感情的投资也是有回报的，甚至比资本投资的回报更高。感情投资的方式也是多种多样的，比如时常保持各种方式的联系，在别人困难时伸出援助之手，等等。

常做感情投资

对别人的关心和爱戴是你付出感情的一种方式。没事的时候常打电话联络，以增进感情，顺便询问有什么你能帮上忙的地方。对别人付出，最好不要接受别人感谢的物品。如果你接受了礼物，别人会认为你的帮助他已经给了回报，他欠你的人情，已经给了补偿，那你的感情投资完全成了一笔交易，甚至是一笔赔本的交易。

在感情投资上应该学会"放长线钓大鱼"，长此以往，你的感情投资便会得到回报。

怎样做到关心别人呢？

首先，朋友或下属生病时要及时探望。尤其是下属生病时，管理者亲自前去探望，是增进感情的好方法，也是激励员工的最好办法之一。

平常你可能很忙，顾不上"无事也登三宝殿"，与下属接触的机会不多。但如果你的下属病了，就一定要去探望。病中的一次探望，可以抵上平时的十次探望。病人的上司亲自过来探望，病人心中必定欣慰万分。

这种感情投资使人的心理和精神上得到巨大的满足，能够激发出他热爱组织、忠诚组织的信念。这将是主管领导的巨大财富，3也是事业走向成功的关键。

其次，你的关怀要真诚。在一家餐厅里发生过这样的一件事：正好是餐厅员工下班时间，一位服务员骑自行车时不小心摔倒了，她尴尬地从地上爬起来，看样子摔得不是太严重。此时，只见餐厅经理快速起身跑了过去，很真诚地看着那位小姐关切地问："怎么样？摔得重不重？要不要给你找辆车去医院看看？"小姐回答："不用。""还说不用，腿都摔破皮了，去餐厅擦点药，歇歇再走吧。"经理小心地扶她回到餐厅，然后就去找药。找到药后，又亲自替小姐擦上，还对她说如果不舒服，下午就不用来上班了。那位小姐充满感激地连声说："没事，没事。"

如果企业的管理者都能像这位经理一样对员工表现出诚挚的关怀，那么企业何愁不能发展呢？这远比发几百块钱的奖金更能赢得这位小姐对公司的忠心。

练熟感情投资的四大技巧：

（1）把对方的生日记在笔记本上

国外某名企的老板，将自己每一个员工的生日都记在自己的笔记本上。等到员工生日那天，他会送上一份精美的礼物，并留下温暖而真挚的祝福，然后悄悄地传递到员工手中。

记得每个员工的生日，并在他们生日的那天，以你个人的名义给他们寄去一份生日礼物，哪怕仅仅是送上一束鲜花，你的员工肯定会被感动的。

（2）给人一点点特殊对待

赢得别人好感的一个重要方法就是给人一点点特殊的对待。每一个人都希望别人能重视自己，每个员工都希望老板待自己与众不同一点儿。因此，当你给别人一些异于常人的对待、稍多一点儿的好处，都会引起对方的好感。其实，特殊对待不在于多少，只在于对方感觉你待他与众不同。这样他就会很高兴。

（3）要有点儿人情味

做一个有人情味的人，你的人缘才会好；做一个有人情味的管理者，你的员工在工作时也会感到轻松自如，可以对你倾诉心声。表现出浓厚的人情味是让管理者受欢迎的一道良方。

西方国家总统竞选时，竞选人往往与自己的家人一起接受采访、拍照，目的正是为了表现自己的人情味与亲和力。因为大家喜爱有人情味的人。

（4）吐露一点儿私密信息给别人

能知道一些别人不知道的事，自己会觉得很得意。每个人都喜欢了解一些秘密，就像每一个人都喜欢把名人的趣事与别人分享。因此，为了表明你对某一个人的信任，也不妨有意透露一点儿小秘密给他。这样他会对你更加亲切、真诚。

得助人处且助人

能帮助别人就尽量去帮助，帮助别人有时就是帮助自己。

有这样一个故事：

一个人被带去参观天堂和地狱，以便通过比较，能选择一个较好的归宿。他先去看了魔鬼掌管的地狱。他一眼看过去非常吃惊，因为所有的人都坐在酒桌旁，桌上摆满了各种佳肴，包括肉、水果、蔬菜。

然而，当他仔细看那些人时，却发现这里没有一张笑脸，也没有伴随音乐狂欢的迹象。大家坐在桌子旁边一副沉闷、无精打采的样子，而且个个骨瘦如柴。他还发现这里每个人的左臂都捆着一把叉，右臂捆着一把刀，刀和叉都有四尺长的把手，根本不能用来吃东西。所以即使每一样食物都在他们手边，还是吃不到，因此一直在挨饿。

在地狱转了一圈，看到的都是这样的情景，他叹了口气转身去了天堂。天堂里也有同样的食物、刀、叉，唯一不同的是人们的表情。天堂里的居民都在唱歌、欢笑。这位参观者困惑了。他疑惑为什么情况相同，结果却有这么大的差别呢？在地狱里的人都挨饿而且可怜，可是天堂的人却吃得很好而且很快乐。最后，他终于看到答案了：地狱里的每一个人都试图让自己吃到东西；而在天堂的每一个人都在喂对面的人，对面的人也同时在喂他。

帮助别人等于帮助自己，经常帮助别人也是一种感情投资。你帮助了别人，当你遇到困难时别人才会对你伸出援手。帮助别人也是改善你与他人的关系、培养感情的最好机会。你的举手之劳就有可能换来别人的感恩戴德，这种投资千万不要错过。你帮助的人越多，你得到的也越多。

点亮思维

俗话说，人心都是肉长的，世界上最容易收买人心的莫过于感情。感情投资时不必急功近利地追求回报，时间长了，自然水到渠成。无论何时都要提醒自己，感情投资是一种成本最低、利润最高的投资方式。

要求别人，不如改变自己

美国著名作家马克·吐温说过这样一句话："最不应该去做的事情就是企图去改变别人。"我们在生活中不是正在犯类似的错误吗？我们总是不满意别人的行为，总是希望别人按照自己的思路思考，按照自己的方式处事；总是对别人有太多的要求，却常常忽视对自己的要求。实际上，在与人交往中，我们应当首先对自己有要求，然后才是对别人。

思路突破

——先对自己有要求，然后才是对别人

改变别人是事倍功半，改变自己是事半功倍。一味地要求他人倒不如更多地反思自己，先对自己有要求，然后才是对别人。宽以待人、严于律己才是为人处世之道。

你愿意被改变吗

你问问自己，你愿意被改变吗？你愿意放弃自己的想法而去和别人的保持一致吗？如果你不愿意的话，那么你应该知道，别人也是这样想的。企图改变别人很少会成功，别人很少会按照我们的意愿来改变自己。而且有时候你的努力还会事与愿违，得到完全相反的结果。

大家都是喜欢听别人夸奖，不喜欢听别人指责。你越是强调他人的缺点，越是希望他们改掉这些缺点，他们反倒会重复自己的错误做法，

哪怕你的建议对他是有益的。有时我们越是期望能够尽快实现自己的目标，反而越是弄巧成拙，事与愿违。

企图改变别人这个思路本身就有问题。人常常有以下几种错误的观念：

第一种错误观念：我们总认为自己比别人更聪明，别人总是不如我们的，也想当然地认为他人应当遵守我们的行为准则，好像全世界只有自己是正确的，别人都是错误的，因此强烈地要求别人遵照自己的行为准则来行动。这种做法、这种意识即使不会对别人造成多么大的伤害，也足以让人觉得非常的可笑。你凭什么证明你的确比别人强呢？你凭什么认为自己的想法的确比别人的想法更有价值呢？你凭什么觉得自己的观念、行为方式好于别人的呢？如果你没有证据，那为什么企图让别人

按照你的想法和思维处事呢？

第二种错误观念：总以为每个人都会乐于改变自己。事实并不是这样，对我们而言，也喜欢坚持自己的行为习惯，别人自然也不愿意改变自己的行为。况且，你认为这是缺点，别人说不定还认为是优点呢；而你认为是优点，在别人眼里也可能是缺点。

第三种错误观念：总以为只要是自己真诚的建议，别人一定会虚心接受。认为我们对他们的行为并不会令他们讨厌，这也是一种错误的想法。出现这样的想法只因为我们只关注自己，很少会把注意力放在别人的身上。别人并没有对我们的行为指手画脚、说三道四，并没有干涉我们的行为。事实上，他们这样做并非因为我们比他们更优秀，而是因为他们更懂得去宽容别人。

在与人相处的过程中，如果发生了什么让我们不愉快的事情，那么我们应该多从自己身上找原因，多从自己的角度找原因，而不要去一味地指责别人。这样才能更好地跟别人和平共处。固执地认为别人的一切都是错误的，想企图去改变别人，这是永远也不可能做得到的。

改变自己更容易

刘易斯·普雷斯诺尔说："也许你会认为别人的行为像是傻瓜，但是每个人都有权利按照自己的方式来行动，即使他们的行为真的非常愚蠢。"当别人的行为让我们不满意时，要求别人不如改变自己。

张东是北京的出租车司机。一天，在首都机场，有个客人上了他的车，客人惊讶地发现这辆车的地上铺满了羊毛地毯，地毯边上还点缀着花边；车窗一尘不染。客人既惊讶又愉快地对张东说："我在国内还从没坐过这样漂亮的出租车呢！"

"呵呵，您过奖了。"张东笑着说。

"你是什么时候开始装饰你的出租车的？"客人问道。

"车不是我的，都属于公司。"张东说，"其实我原来在公司做清洁工人，每辆出租车晚上回来时都要拖回一堆垃圾。车的地上全是烟头，座位或者车门把手甚至有口香糖之类的东西。我当时想，如果有一辆很清洁、很干净的车给乘客坐，乘客也许会多为别人着想一点儿。

"我拿到出租车牌照后，便马上开始清洁我驾驶的出租车。我把它收拾得干净明亮，又弄了一张好看的薄地毯和一些花。每个乘客下了车，我就看一下车子，看看有没有留下什么垃圾，如果有一定要在下一个乘客上车前把车里打扫干净。

"其实，你把一切都打扫干净时，别人也不会破坏你创造的好环境。从开车到现在，客人从来没有扔一根烟蒂要我捡拾，也没有花生酱或冰淇淋之类不容易清洁的东西。"

司机张东在看到出租车上的垃圾时，首先想到的不是要改变乘车的人，而是先改变自己，先从改变车内环境开始做起。干净的环境也影响着乘车人的心情和行为，没有人会在这样的环境中做一个破坏者。这说明什么？你虽然不能改变他人，但你文明和绅士的行为会感染别人。如果他认可你的行为，他自然也会跟你一起改变。不用你对他提出要求，他自己会对自己有更高的要求。张东的事例也让我们看到，无论何时，我们要先对自己有要求，凡事自己都做到位，才有资格去要求别人。

点亮思维

　　不要总是对别人提出要求，别人有别人的想法和立场。当你想不通、看不惯别人的行为与观点时，最好的办法就是先改变自己，先对自己有要求。

微信扫码

阅读分享　趣味测评　图文资讯　拓展视频

理解万岁

世界上最难做的事情之一就是理解别人。大多数人都希望被别人理解，但是并不愿意或者并不能主动去理解别人。有句名言说得好：想被别人尊重就要先尊重别人。理解也是这样，想被别人理解，就要先理解别人。人际交往是平等的、双向的过程，就像付出才有收获一样。因此，想要被别人理解的话，先试着努力去理解别人吧。

思路突破

——先设身处地地理解别人

理解别人是一种涵养，是一种智慧，也是一种思想境界。理解需要你花一些时间，站在对方的角度和立场看问题。需要你先设身处地地去理解别人，然后才能得到别人的理解。

真诚地表达对他人的理解

有这样一句言辞，此言一出，便会使争辩平息、怨恨消解，人们也将对说此话的人充满好感并且更加尊重他。这句话就是"你会有这样的想法我并不怪你，因为换我是你的话，我也会和你有同样的想法。"

这句话一点儿也不复杂，可以使世界上最刁钻刻薄的人不再顽固，但说这句话的时候你要格外真诚才行。

对方也许做得不对，或者错得一塌糊涂，但若他自己不承认，你也不要对他妄加指责，因为这样不但解决不了问题，还有可能使事情变得更糟。聪明人会试着去理解对方，真诚地表达对对方的理解。对方之所以会那样做，其中定有原因。假如你拥有与对方一样的基因，你的性情、思想与对方完全相同，并且也曾处在他的环境里，经历和他一样的事，那毫无疑问，你会和他有同样的想法。

霍洛克是美国元老级别的音乐经纪人，二十年的从业经验使得他深谙与艺术家们的相处之道。霍洛克曾说过，为了要应付那些怪脾气的音乐家，他不断告诉自己，无论在什么情况下，都一定要真诚地表达对他们的理解，容忍他们那些可笑的行为、暴躁的脾气。

霍洛克曾经有三年时间担任世界低音歌王嘉利宾的经纪人。嘉利宾这位伟大的歌唱家使霍洛克伤透了脑筋，因为其行为与一个被宠坏了的孩子无异。用霍洛克独特的语气来说就是"他方方面面都糟透了。"

比如：如果音乐会晚上就要举行了，嘉利宾会在当天中午打电话给霍洛克说："我看今晚的音乐会还是取消了吧，我嗓子疼得厉害，身体也很不舒服。"霍洛克会跟他理论吗？不，霍洛克知道那样行不通！

他通常会马上赶到嘉利宾的宾馆，对他表示深切的理解："哦，我可怜的朋友，真是不幸，身体变成了这样还怎么登台呢？看来我得立刻去通知取消节目，虽然收入会损失不少，但相比名誉的受损来说，这确实也算不了什么。"

嘉利宾一听便有些犹豫，接着叹口气说："要不然，我再调整一下，你下午五点来，到时再看情况。"

到了下午五点钟，霍洛克先生再到嘉利宾那里时，又进一步表示了对他的理解，并坚持要把音乐会取消。嘉利宾则这样说："要不然你再晚些来看看情况，说不定到那时，我的情况会好一点儿！"

到了晚上七点半，这位低音歌王最终决定登台了，但是他希望霍洛

克先生向听众说明他患了重感冒，嗓子不好。霍洛克谎称他一定照办，唯有这样，音乐会才能顺利举行。

理解，是为别人打开一扇门，同时也是给自己多一个通道。

换位思考，知彼知己

与人交往时，要学会站在对方的立场上，为对方着想。

有个很荒唐的笑话：一个有近视眼的人去眼科配眼镜，眼科医生先摘下自己的眼镜让那人试戴，他的理由是："我已经戴了十多年，效果很好，给你吧。反正我家里还有一副。"那人看到的东西都扭曲了的同时，医生还反复说："只要有信心，你一定能看得到。"那人被弄得哭笑不得。

我们常说，遇事要学会换位思考，"知彼知己"是交流的原则。这位医生尚未诊断就敢下手"治疗"，谁敢领教？其实，我们在与人交往时何尝不是这样，我们常犯这种不分青红皂白、妄下断语的毛病。"理解他人"与"表达自我"是人际沟通不可缺少的要素。首先要理解对方，然后争取让对方理解自己，这才是进行有效人际交流的关键。欲求别人的理解，首先要理解对方。人人都希望被理解，却常常疏于倾听别人。有效的倾听不仅可以获取广泛的准确信息，还有助于双方情感的积累。当我们能保持平和心态、能抵御外界干扰时，我们的人际关系也就上了一个台阶。

总之，想被别人理解，先学会理解别人。不去主动理解别人，只想别人理解自己的人，最终得不到大家的喜欢。

点亮思维

先理解别人，才会得到别人的理解。但是，永远不要奢望别人百分之百地理解你，因为这世界上最了解你的只有一个人，那就是你自己！

化敌为友，谋求双赢

是成为朋友，还是成为对手？这其实是一个很愚蠢的问题。这是个谋求双赢的时代，这是一个合作多过竞争的时代，时代要求你做出一个正确的决定——和你的对手做朋友！和你的对手去合作，谋求共同利益，实现双赢的结果。

思路突破

——跟你的敌人做朋友

快速发展的时代给我们提出了更高的要求，没有人可以凭一己之力在当今的商业市场占据一席之地。面对自己的对手，最好的选择就是站在他身边，和他做朋友，跟他合作。如果相互嫉妒、轻蔑，那么最后只会是两败俱伤。如果能互相尊重、帮助、合作，那么彼此就会成为朋友，成为事业或生意上的最佳搭档。

退一步，海阔天空

总是怀着仇恨的人，不只会在人际交往中造成敌对氛围，还会加重其生活的不安与忧虑，既不利人也不利己。

在一个偏远的山村里，姓张与姓李两家是三代世仇，两户人家一碰面，就会上演全武行。一天傍晚，老张与老李从市集里出来，正好在返村的路上遇见了。仇人见面分外眼红，但没有开打，各自保持距离，谁也不搭理谁。两个人一前一后走在通往村里的小路上，相距有几米之远。

天色很黑了，走着走着，突然老张听见前面的老李"啊"一声惊叫，原来是他掉进水沟里了。老张看见后，连忙赶了过去，心想：无论如何总是条人命，怎么能见死不救呢？

老张看了一眼，只见老李在水沟里浮浮沉沉，双手在水面上不断挣扎着。这时，急中生智的老张连忙折下一段柳枝，迅速将枝梢递到老李的手中。

老李被救上岸后，连忙感激地说"谢谢"。然而猛一抬头，老李大吃一惊，原来救自己的人居然是仇家老张。

老李颇为不解地问："你为什么要救我？"

老张说："为了报恩。"

老李一听，更为疑惑："报恩？恩从何来？"

老张说："因为你救了我啊！"

老李丈二和尚摸不着脑袋，不解地问："咦？我什么时候救过你啦？"

老张笑着说："就在刚才啊！你想想，今晚在这条路上，只有我们两个人一前一后行走。刚才你遇险时，如果不喊那一声，第二个坠入水沟里的人肯定是我了。哪有知恩不报的道理呢？所以啊，真要说感谢的话，那理当先由我说啊！"

在月光的照射下，地面上映着老张与老李的影子：当年曾互相打斗过的双手，如今紧握在了一起。

在我们最需要帮助时，可能出现在我们身边的就是我们以前的敌人。因此，多一个朋友有时不如减少一个敌人好。如果敌人不肯向我们靠过来，我们就主动走过去，伸出和解之手。

与"敌人"共舞

营销学上有句经典的话：不能打败对手就与对手合作。与对手合作是时代的需要，是时代发展的趋势。温州民营企业能够蓬勃向上发展，跟温州人善于合作的心态是分不开的。

如今，温州已建成"中国鞋都""中国电器之都"等32个"国"字号生产基地；拥有24个中国驰名商标、32个中国名牌产品和82个全国免检产品。不过这些只代表过去的辉煌，现在也要直面世界跨国企业的竞争。温州民营企业突然发现自己处在前后夹击的困境中：向更高的领域发展，会遇到跨国公司强大的经济实力、领先的技术优势、科学的管理经验等诸多优势形成的强大阻力；原地踏步，则遭到国内具有后发优势企业的强烈追击。

20世纪90年代初，温州的许多民营企业为了规避政策上的风险，以及与国有企业竞争的需要，兴起了与外资合作的热潮。如正泰集团和美国公司合资，吉尔达鞋业公司和法国公司合资等。这股合资热潮，让我们看到了民营企业因时顺势的强大生命力。

最近一段时间，温州再次兴起了合资合作的热潮。服装龙头企业夏梦服饰公司整体和意大利著名品牌杰尼亚合资；低压电器龙头企业正泰集团和美国通用公司合资，共同打造"通用正泰"商标，壮大了自有品牌；皮鞋龙头企业奥康集团与意大利GEOX合作，共享营销网络。

"我认为，合资有着非常积极的作用。"英博双鹿啤酒的董事长、温州企业家协会会长史美斌如是说。通过合资，双鹿啤酒的资产从3000万元发展到现在的4亿多元。他告诉记者，不能光看外国人赚了钱，还要看到征缴所得税等，他们赚来的钱基本上还是留在了中国。

发生在温州的数不清的合资合作故事，对于在困境中挣扎的民企，无疑具有示范作用。温州老板的合作精神无疑成为全国民企老板的楷模。通过上面的实例我们可以清楚地看到，只有通过与竞争对手的合作，温州的民营企业才能在与国企的竞争中打开生存空间。与对手合作，寻求发展，寻求共赢，互惠互利，是时代发展的趋势。适者生存，不能顺应时代的发展，迟早会被时代淘汰。

点亮思维

有竞争就有合作。唯有合作才能实现双赢，才能获得更多的机会，才能得到更多的资源。所以，不要再为自己树敌，与其和敌人作对，不如站在敌人身边。

第7章

转变思路，做金钱的主人

一元钱不等于一元钱

有钱是好事，但是知道如何使用才最好。对于千万富翁们来说，每一元钱只要用在恰当的地方，都是可以无限升值的。所以，他们珍惜自己付出的每一元钱。

思路突破

——把每一元钱的价值发挥到极限

富翁们在使用金钱上的最大艺术就是把每一元钱的价值发挥到了极限，让货币的价值最大化。所以，数额相等的钱，富翁用它们使自己的资产翻了好几倍，而普通人则随意地将它们花了出去，没有实现资本的增值。

认识金钱的价值

对待金钱，应该有积极清醒的认识。对金钱的认识程度决定着你驾驭金钱的程度，决定着你是金钱的主人还是金钱的奴隶。

积极地对待金钱，包括每一元钱、每一角钱甚至每一分钱。数额再小的钱也有它的价值，应该充分去利用它的价值，挖掘它的价值。许多人手里有一万元，却常说自己手里的资金不足，无法自己创业。要知道，巴菲特当年也是用同样的数额打开了自己的致富之路，挣到了2.7亿美元。对巴菲特来说，即使是微不足道的数额也是很宝贵的，而且利用得好，可以变成2.7亿美元。而大多数人，面对一万元却发愁了，认为这太少了。实际上他根本不懂也没有去开发这一万元的价值，所以他永远也成不了巴菲特这样的人。

还有人自以为有钱就可以大手大脚地花，实际上，这也是一种对金钱没有清醒认识、不能积极对待金钱的行为。没有一个亿万富翁会无故浪费金钱。比尔·盖茨没有私人司机，公务旅行不坐飞机头等舱却坐经济舱，不穿名牌，不愿为泊车多花几美元……"斤斤计较"着自己的每一分钱。你会觉得他是守财奴吗？那你看看微软员工的收入有多高，再看看比尔·盖茨为公益和慈善事业一次次捐出多少善款就知道他是不是守财奴了。真正的大富翁就是这样，他们知道自己的钱应该用在哪里，应该怎样发挥价值。当钱发挥出自己的价值时，钱本身才是有价值的。

因此，若要使自己生活得幸福，就要树立正确的金钱观。积极理智地对待金钱，将钱花在该花的地方，充分发挥它的价值，才能实现资本的滚雪球效应。

会省钱，更要让"钱生钱"

开源节流固然重要，但学会挣钱的方法最重要。那些成为千万富翁的人持有这样的观念：省钱重要，挣钱更重要；有点钱就存进银行，是投资理财的最差选择。

对多数人而言，要改善财务状况的首要任务，不是加强开源节流，而是加强投资理财的能力。投资理财在累积财富的过程中占有举足轻重的地位。一生的财富主要是靠"以钱赚钱"累积起来的，而不是省来的。

股神巴菲特在对待省钱和投资上有着与别人不同的独特思维。他虽然拥有亿万资产，但仍然住在几十年前买的小房子里。他经常自己去商场购物，并每次都把商场给的优惠券收好，以便下次购物时使用。有人问他："你为什么还使用优惠券呢？这样做不过每天能节省一两美元，一生才能够节省多少？"

巴菲特答道："省不了多少？你错了。省下的可不少呢，足足有一亿美元呢。"

"一天省个一两美元，一生能够省下一亿美元？"那人当然不信，任谁都不敢相信。

巴菲特则继续分析道："虽然每天省一两美元，从表面上看起来没有多少，但是如果我一直这样坚持，一生中我大约能省下五万美元。而你没有这样做。那么，假如我们其他收入一样多的话，我至少比你多出五万美元。更重要的是，我会将这五万美元用于我的投资——购买股票。根据过去几年来我平均投资股票获得的18%的收益率，这些钱每过四年就会翻一番。四年后我就会有十万美元，四十四年后就超过了一亿美元，六十年后就超过十六亿。如果你每天省下一两块钱，到时候你会拥有十六亿，你会怎么做？"

巴菲特跟别人的不同之处就在于：他省钱是为了投资，省下的钱也用在了投资上。对照巴菲特，你可以翻开你的银行账户，看看你辛辛苦苦省下的钱花到了哪里，是否与富翁们在对待金钱的思维上保持了一致。

点亮思维

建立正确的金钱观，不要小看任何一元钱。微不足道的一元钱也有发挥它价值的时候，关键在于你将它用在了哪里。

理财需有道

许多人在进行个人理财或投资的过程中，只考虑如何获得收益，但不注意控制风险。没有做规避风险、避免损失的措施和应对危机的计划，一旦有意外的情况发生，就会陷入被动。其实，规避风险与损失就等于赚到收益。

我们进行投资，不管是家庭理财，还是创业投资，目的都是为了获得收益。但是在有些情况下获得的收益可能低于自己的预期，甚至连成本也没有收回来。这是因为我们没能在投资的过程中避开市场上存在的风险。比如在进行股票投资时，由于价格下跌，卖出股票时的价格低于买入时的价格，造成了投资的损失。这就是风险。又比如，在进行债券投资时，债券发行者不能按时还本付息，甚至不能拿回本金，给投资者造成损失。这也是投资的风险。

思路突破

——不懂防守，怎能进攻

对于理财投资来说，规避风险和损失就是防守，赚取利润就是进攻。要想学进攻，先学会防守。尤其是最初参与理财投资的人，规避损失就等于赚到收益。

时刻保持头脑清醒

"该出手时就出手"这句俗话大家应该都听过，但并不是每个人都能做到。而"该收手时就收手"这句话实践起来同样也并不容易。许多人不懂得"以退为进"，当看见一种赚钱的方式时，他们就会蜂拥而上，当形势发生变化时，又不懂得顺势而变，所以最后往往只有个别运气好的人能赚到一些钱。

在"9·11"之前，美国股市一路走高，随便买几只股票都能赚钱。因此不少人积极入市，希望借这股东风大赚一笔。然而"9·11"事件发生后，股市暴跌，无数人赔得血本无归，而股神巴菲特几乎没有受到损失。

这是为什么呢？原因就是他并没有被股市的疯狂涨势所迷惑，明白股市无故疯涨绝不是正常现象，所以这段时间他都没有买进一只新股票。

这个世上赚钱的机会有很多，但是如何把赚到的钱牢牢握在手中，才是对一个人的理财智慧的真正考验。只有保证自己的头脑永远处于清醒的状态，你才能在财富的惊涛骇浪中立于不败之地。

不要把鸡蛋放在一个篮子里

投资中一个重要的原则就是：别把鸡蛋放在同一个篮子里。分散投资就是分散风险。如果你分别投资了股票和房地产，那么二者中有一个行情急转直下，对你造成的损失都不会那么大；而如果你只投资了两者中的一个，那么一旦你所投资的股票市场或者房地产市场出现风险，都有可能让你血本无归。

徐女士是北京某大学的讲师，收入比较稳定。徐女士听身边的老师说近几年股票市场行情好，投资股市能赚大钱，便去证券公司开了户，准备将自己的存款全部拿出来买股票。

开户后，徐女士到处向人打听哪只股票好、哪只可以买，等等。她的一个朋友为她提供了一个小道消息，说一家上市公司有利好传闻，近期股价会出现井喷行情。徐女士信了，并买入了一些。开始两天，这只股票涨势非常喜人，徐女士大喜。为了不踏空这一波行情，她将自己全部的存款放在了这一只股票上。谁知三天后，又传来了利空的消息，据说公司的账务存在虚报，已被立案侦查，公司也被停牌。复牌后这只股票开盘即跌停，连续几天无人接盘，徐女士前两天的获利不仅全吐了回去，本钱也损失了一少半，被深度套牢。看着股价一个劲儿地下跌，徐女士心痛不已。

从这个故事中可以看到，徐女士热衷于理财，对生活充满了憧憬，但在具体操作中，她忘记了理财最重要的一句话："不要把鸡蛋放在一个篮子里。"不管是谁，在投资理财的过程中，不要轻信他人，不要盲目跟随市场。

点亮思维

有人会认为，规避风险所用的时间可能影响自己赚更多的钱。其实，这就像建楼房一样，地基没有打好，盖的楼越高越容易倒掉。规避风险就等于规避掉了损失，就等于打好了地基，就等于做好了防守。在这样牢固的基础上才有可能获得更高的收益。

落袋为安

做过股票的人都知道一个词——落袋为安。本来已经赚到的收益，却没有及时装到自己口袋里，这是一种损失。不懂落袋为安的人，是赚不到钱的。未得收益的损失最容易麻痹人，就像一针不痛不痒的毒药，它往往最致命。

股市中遇到这样的情况最多，股价涨到高位后，获得了收益，但只是账面上的，一旦剧跌就化为乌有。这样，你就失去了没来得及装到口袋里的收益，这未尝不是一种损失。而股市里的高手一般在股价涨到高位时便会高抛套现，落袋为安，低位再接回来。高抛低吸使自己的利润最大化。

你在生活中是否遇到过这样的情况呢？到手的收益没能留住，煮熟的鸭子又飞了。许多人并不把这看作是一种损失。其实你算算就清楚了，本来你有很大希望挣到这一万元钱，但是因为种种原因，你把这一万元钱丢掉了，这时你若还想获得一万元钱的收益，就只有再去设法赚一万元钱。但如果你保留了先前的那一万元钱的话，在同样的时间里你的收益是不是就是两万元钱呢？

思路突破

——保住收益比获得收益更重要

获得利润难，保住利润更难。在投资理财的过程中，最重要的一点就是：想办法保住自己的利润。保住收益甚至比获得收益更重要。

切记：投资有风险

当你决定做一项投资时，就要考虑到：你的投资不一定能成功，可能会让你亏损。因此做投资前就要做好亏损的准备，一旦亏损后就要安排好后面的基本生活。不要因为亏损影响整个家庭生活。

一位证券市场的分析师讲述了这样一个小故事：老陈是有五年股票投资经验的投资者，在参加上海的一个关于股指期货的交流会上，讲师问他："您做好参与股指期货交易第一天就亏损掉您存在期货公司的80%资金的心理准备了吗？"

"什么？您不是在开玩笑吧？一天亏掉80%的资金？！股指期货有这么大风险吗？"老陈吃惊地问。

"当然了，甚至不仅限于亏掉80%的保证金，《股指期货交易风险说明书》开头就写明：进行股指期货交易风险相当大，可能发生巨额损失，损失的总额可能超过您存放在期货经纪公司的全部初始保证金以及追加保证金。因此，您必须认真考虑自己的经济能力是否适合进行股指期货交易。"讲师认真地提醒老陈。

"真的会有这么大风险吗？就算不能每次都看对行情，但10次有5次看对了，也不至于亏太多啊。"老陈一边挠着头一边问。

"这是现金流风险。它指的是投资者无法及时筹措资金满足建立和维持股指期货头寸的保证金要求的风险。如果资金管理不好，即使有80%以上的看对概率，最终也将亏损。"讲师解释道。

"无法及时筹措资金？我准备投入100万资金还不够吗？"老陈有点

不服气地说。

"您投入100万元资金，但如果不了解股指期货保证金杠杆放大效应，在交易中不注意资金管理，遇到亏损又不注意止损，恐怕100万是不够的。"讲师解释，"投资者进行股指期货交易除了将面临现金流风险外，还将面临代理风险、操作风险、市场风险、流动性风险及法律风险共六大类风险。其中任何一种风险都有可能给投资者带来巨大的经济损失。"讲师介绍称，"针对以上六种风险，都有相应的风险防范措施。"

"原来股指期货风险及其防范这么重要啊，那我听完您的课再回去！"老陈赶紧回到了原来的座位。

任何投资都存在风险。投资前一定要预想到可能存在的风险，在心理上做好亏损的准备，在实际操作中尽量规避风险，以免"偷鸡不成蚀把米"。

"煮熟的鸭子"及时吃

莫让煮熟的鸭子飞了。该放手时就放手，适时的落袋为安比适时的投资更重要。做股票投资的人对"落袋为安"这四个字一定感受颇深。

在股市中摸爬滚打了八年多的王先生在讲述自己的投资理财故事时说了一句很有意思的话：人到四十，理财不惑。大盘再怎样疯长，只要收益达到预期就适时收手，保住利润比什么都重要。

王先生这么说了，也这么做了。他手里的两只股票在2006年下半年给他带来了超过100%的收益率，但王先生在感受到大盘震荡加剧的风险后，果断地抛掉80%左右的股票及基金。之后一天里股市恐慌性暴跌，王先生成功地保住了自己的收益。其身边的朋友都夸王先生有远虑。对此，王先生看得很淡，他说："即使那天大涨也没什么可遗憾的，理财投资只要盈利达到预期就是成功的。"王先生的想法或许也能给正在为股民提个醒：保住既有的利润比什么都重要，适时的落袋为安才能保住胜利的果实。

点亮思维

没能把就要赚到手的钱留住，也是一种损失。本来就要装进你腰包的钱，由于你的失误，又被别人取走了，这是一种损失。设法保住属于自己的利润才是最重要的。

家财万贯不等于幸福

金钱和幸福的关系就像井与水的关系。有井的地方就一定有水吗？拥有足够多的金钱就一定幸福吗？没有井的地方就一定没有水吗？没有足够多的金钱就一定不幸福吗？拥有金钱可以让生活过得更滋润、更宽松，但幸福，并不只因为有金钱才幸福。

——幸福不是由金钱组成的

金钱不是生活的全部，拥有金钱不等于拥有幸福。许多人以为有钱就会幸福，单纯为追求金钱操劳一生，甚至不惜走上犯罪的道路，不惜连累父母子女，最后闹得家破人亡，而幸福却一生也未得到。幸福不是由金钱组成的，其实你的健康，你的家庭，你所拥有的一切都是组成你幸福的一部分。

跳出金钱的牢笼

我们在街上见过有人出售这样一个小玩意儿：在一个笼子里，一个老鼠在不停地、不知疲倦地奔跑着。老鼠跑得越快，笼子转得越快。可是老鼠还是在里面苦苦地奔跑着，以为再跑得快点就能从笼子里跑出来，结果将自己陷入无法停止的恶性循环中。很多人会嘲笑老鼠的愚蠢和无知。如果把金钱比作笼子的话，人又何尝不是其中的老鼠呢？

大千世界，有多少"聪明"人不是终其一生在为金钱奔跑、忙碌、焦虑、苦恼、忧伤甚至痛苦？有时人甚至还不如那只在笼子里奔跑的老鼠，老鼠毕竟是希望从笼子里逃出来的，但人却不是这样，人甚至甘心在笼子里丧命。

从前，有两个兄弟，父母去世的时候哥哥已经成家了。父母去世后嫂子就把小叔子赶出了家门。弟弟一个人无处可去，就在深山里伤心痛哭。这时，一只神鸟落下，上前询问弟弟："你为什么哭泣？"弟弟说："父母去世后嫂子就把我赶出了家门。天下之大，我无家可归、无处可去，越想越伤心，就独自哭泣！"

神鸟说："哦，这样呀，没什么，我来帮助你。你爬到我的背上来，闭上眼睛，我带你飞，在我没说睁开眼睛的时候，你千万不要睁开眼睛呀！"弟弟答应了，爬到神鸟的背上，闭上眼睛，只听耳边呼呼风声。不一会儿神鸟说："睁开眼睛下来吧！"

弟弟睁开了眼睛，从神鸟的背上下来，一看眼前，吓了一跳：全是耀眼夺目的金子。神鸟说："这就是传说中的天边，满地都是金子，你可以随便拿。一会儿太阳就出来了，太阳出来前，我回来带你离开。如果等太阳出来了，我们就会被烤死！"

"好的！"弟弟愉快地答应着。神鸟飞走了。一会儿，袋子就装满了。神鸟飞回来了，驮起弟弟飞走了。

弟弟带着一袋子金子回来了，盖起了新瓦房，买了田地，娶了漂亮贤惠的妻子，从此过上了富人的幸福生活。

哥哥、嫂子眼看着弟弟一夜暴富，很纳闷，思前想后，也不知道原因。他们知道以弟弟的为人，不可能做偷鸡摸狗之事，最后还是忍不住厚着脸皮去打听。

嫂子到了弟弟家，先虚情假意地说了半天客气话，最后问弟弟怎么一夜之间这么富有了。弟弟也不隐瞒，就告诉了嫂子。嫂子高高兴兴回了家，一五一十地讲给了哥哥。

哥哥听了后，也赶紧跑到深山里哭泣，引来了神鸟。神鸟也不追究真假，驮起了哥哥，飞到了天边，让他装满金子再把他带回去。

过了很长时间，神鸟回来了，告诉哥哥太阳马上要出来了，得快走。哥哥说："再等一会儿吧！"贪婪的哥哥怎么舍得满地的黄金呢？结果，神鸟等啊等，哥哥就是不舍得走。太阳马上就要出来了，神鸟等不及了，自己飞走了。还想得到更多金子的哥哥被太阳烤死了。

过了几天，神鸟又飞到了天边，看着被太阳烤熟的哥哥，美美地吃了起来，没想到自己竟然也忘记了时间。太阳出来了，神鸟竟被烤死了。

从此，"人为财死，鸟为食亡"的故事开始在民间传说。这个故事告诉我们：无论是谁都不能过分贪婪，过分贪婪最终会跳进金钱的牢笼中，至死不能摆脱，不但得不到幸福，反而以一出悲剧收场。

金钱只是工具

富翁会秉持这样一种观念：金钱只是一种工具，绝不要做金钱的奴隶。

这就好比机器要运转，汽车要行驶，离开润滑油是不行的。但人们追求的目的是机器运转生产产品、汽车到达目的地。日本经营之神松下幸之助说过："为了到达目的地而工作、为了使到达目的地的工作更有效率，就必须要有润滑油。所以说，金钱是一种工具，最主要的目的还是在于提高人们的生活。"松下幸之助对金钱有着自己独特的理解，他说："一个人不能当财产的奴隶。因为钱这东西是世界上最不可靠的东西！但是，办一项事又必须有钱。在这种意义上说，又必须珍视钱财。但'珍视'与'做奴隶'是两回事，应该正确对待。否则，财产就会成为包袱——看起来你好像是有了钱，实际上它却使你受到牵累。这是人类的一种悲剧。"

松下幸之助对待金钱的态度是值得我们学习的。他让人们不要做金钱的奴隶，要时时想到更远大的一些目标。他认为："明天的一切都会比今天好。"

润滑油的作用在于：机器旋转产生的热量损害机器时，加上一些可以减少磨损；机器旋转过快会对机器造成损害，但只要多加一些润滑油就可以了。金钱也是这样，它可以使劳动者获得物质上的弥补和精神上的安慰——多劳多得。不这样的话，长时期运转而得不到补充，这种无报酬或少报酬的劳作则难以持久。金钱的作用仅此而已。

亚里士多德说过："一个美好生活必不可缺的是财富数目。但是富有和财富没有限制，一旦你进入物质财富领域，仍然很容易迷失你的方向。"他让我们时刻提醒自己，金钱只是工具，而不是人生的目的，不要在谋求财富的过程中迷失方向。

通过以上的这些故事我们应该明白一个道理：对待金钱和幸福的关系，应该用辩证的眼光去看待。幸福需要一定的金钱作为经济基础，而金钱并不是幸福的全部，更买不来幸福。

点亮思维

富人有富人的烦恼，穷人有穷人的快乐。有钱不一定会幸福，没钱不一定不会幸福。能够对幸福和金钱的关系进行辩证理解的人，一定会拥有金钱和幸福的。

后记

一小步，你的生活将与众不同

许多人都做着一夜成名、一夜暴富的美梦；许多人都梦想着能改变自己的现状，改变自己的命运。但是大多数人都没有找到自己追求的东西。头顶同样的蓝天，脚踏同样的大地，为什么有人能成功，有人却长期徘徊，停滞不前？成功的奥秘到底在哪里？

其实，事情的关键在于自己的思维有没有改变，自己的行动有没有改变，自己的习惯有没有改变。要改变命运，先改变自己。改变目前的生活，也要先从改变自己开始。

你五年前的想法决定你现在的生活，你现在的想法同样决定你五年后的生活。能不能改变自己的想法，决定你未来的生活能不能改变。你在多大程度上改变自己的想法，也决定你未来的生活会有多大程度的改变。改变，其实很简单，只需要你在原来走的路上，前进一小步或横跨一小步。位置不同，视线自然不同；视线不同，风景自然不同。问题在于，你是否迈得出去这一小步，是否敢于迈出这一小步，是否有能力迈出这一小步。别小看这一小步，它可能耗费你一年或十年或一生的思考时间。成功与付出是成正比的，巨大的成功背后是巨大的付出。

你的"思路"，决定了你未来的出路。你要走黄金大道还是走偏僻小路，全在你怎么选。就像那句经典的电影台词："路怎么走，你自己选。"

在这本书里，我们集中了人生各个方向的一些实用的思路。这些"思路"凝聚着无数过来人的智慧和经验。希望这些"思路"能够对你有所启示，能够让你豁然开朗，能够使你的生活发生一点儿细小的改变。

路虽远，行则将至；事虽难，做则有成！只要你想去做，只要你肯不断更新自己的思路，那就没人能阻拦你成功。

希望你能在人生的路上走出属于自己的一道亮丽风景线！

图文资讯

拓展阅读视野，
开阔阅读视野。

拓展视频

激发阅读兴趣。
观看在线视频，

阅读分享

碰撞思维火花。
分享阅读心得，

趣味测评

获取阅读建议。
测评阅读习惯，

扫码进入 **线上**

ONLINE
READING
SPACE

阅读空间

让知识照耀人生